滇版精品出版工程专项资金资助项目

中国石斛属花形态图志

FLORAL MORPHOLOGY OF DENDROBIUM IN CHINA ——— 李璐 著

云南出版集团

YNKJ 云南科技出版社

·昆明·

图书在版编目（CIP）数据

中国石斛属花形态图志 / 李璐著. — 昆明：云南
科技出版社, 2023.5
ISBN 978-7-5587-4858-5

Ⅰ. ①中… Ⅱ. ①李… Ⅲ. ①植物药—花部形态—中
国—图集 Ⅳ. ①Q944.58-64

中国国家版本馆CIP数据核字(2023)第084773号

中国石斛属花形态图志

ZHONGGUO SHIHUSHU HUA XINGTAI TUZHI

李璐　著

出 版 人：温　翔
策　　划：李　非
特约编辑：钱怡羊
责任编辑：李凌雁　陈桂华　杨梦月　罗　璇
封面设计：长策文化
责任校对：秦永红
责任印制：蒋丽芬

书　　号：ISBN 978-7-5587-4858-5
印　　刷：昆明亮彩印务有限公司
开　　本：889mm×1194mm　1/16
印　　张：18.5
字　　数：508千字
版　　次：2023年5月第1版
印　　次：2023年5月第1次印刷
定　　价：198.00元

出版发行：云南出版集团　云南科技出版社
地　　址：昆明市环城西路609号
电　　话：0871-64190973

中国石斛属
花形态图志 | 编委会

李 璐 著

野外摄影：李　璐　罗　艳　黄家林　王晓云
　　　　　徐志峰　王云强　刘　强
显微摄影：李　璐　王艳萍　张　锦　谭庆琴
　　　　　李楚然　罗　艳
资料整理：李　璐　段涵宁　谢云茜　杨晨璇
　　　　　王乐骋　朱　永　陶　磊　陶凯锋

作者简介

李璐，中国科学院昆明植物研究所植物学博士，西南林业大学生物多样性保护学院副研究员，硕士生导师。现为云南植物学会科普工作委员会委员、云南省中药材种植养殖行业协会专家、中国植物学会会员、全国植物结构与生殖生物学会会员。主要研究方向为植物系统演化、植物分类学、珍稀濒危植物多样性保护、植物资源调查及其开发利用，擅长利用形态解剖学和分子生物学等学科的综合证据，为东亚特有类群的植物系统及其演化、我国珍稀濒危植物多样性保护提供科学依据。主持国家自然科学基金3项、省部级项目12项；以第一作者和通讯作者在国内外主流学术期刊上发表学术论文50余篇；为《科学画报》《森林与人类》《中国科学报》《人与自然》等科普杂志供稿20多篇；出版专著《植物新语——彩云之南》，参编《云南植物志》2卷。

内容简介

本书收录中国石斛属及其近缘类群108种，包括国产73种、国外引种栽培27种及近缘类群8种。详细描述每种植物的唇瓣、合蕊柱、花药帽、花粉团、蕊喙、蕊柱齿、柱头腔、蕊柱足等花器官的形态、大小、颜色及质地等，介绍其中文名、别名、拉丁学名、植株形态、花形态解剖特征、地理分布和生境以及近似种等植物基本信息，每种配以1～2幅植株形态图和1幅花形态特征图。

中国 石斛属 花形态图志 | **序一**

　　国人熟悉石斛这个名称大多来自传统中药材的"枫斗"或石斛切片。尽管仅分布在亚洲和太平洋地区的石斛属是兰科植物中的一个大家族，种类多达1 500多种，而且早在1874年世界上就诞生了第一个观赏石斛人工杂交种（金钗石斛*D. nobile* x *D. aureum*），但中国人在日常生活中能够接触到石斛兰，包括餐馆装饰菜品的鲜花以及在各种仪式上佩戴鲜花，还是在20世纪90年代初。如果说观赏类石斛产业的发展我们还处在跟跑阶段，那么对于药用石斛产业可以毫不谦虚地说我们已经远远领先世界其他任何地区的兰花产业发展。以浙江天皇药业公司1999年的铁皮石斛人工设施栽培技术成果为标志，从一定程度上讲，开启了药用石斛人工种植产业发展的新纪元。通过多年的发展，以铁皮石斛、霍山石斛和扁草石斛（金钗石斛）为代表的我国药用兰科植物产业已经达到在全球范围内种植规模最大、种植模式最多样、种植技术最先进、相关的配套服务体系最完善的水平。正是由于药用石斛产业的发展，在综合考虑市场和发展，以及保护与恢复野生种群等需求的基础上，结合经济发展不平衡的实际情况，我国学者在理论上构建出一种"利益诱导的自然保护"新模式（Benefit-Driven Conservation Model）。药用石斛产业发展进入多样化生态种植阶段，为该理论模型提供了很好的实践机会。更为重要的是，在药用石斛产业发展过程中，所有种植模式的植株都来源于有性生殖的种子，而不是克隆繁殖的分生组织（这一点与石斛类的花卉产业完全不同），使得药用石斛产业化过程中的植株可以直接用于石斛属的物种保育工作。药用石斛多样性生态种植模式的发展，为药用石斛的产业和保育在技术层面的共享提供了广阔空间。回想20世纪90年代初在中缅边境口岸目睹上百吨的各种野生石斛茎秆，到现在药用石斛种植产业的四个世界第一，不禁让人感慨我国药用石斛种植产业发生的颠覆性变化。

　　与药用石斛种植产业巨大变化不相称的是我国石斛属植物基础生物学研究，特别是进化和进化生态学的研究进展缓慢。中国不是石斛属植物的物种多样化和分布中心，但却是石斛属分布的北缘。生物类群的边缘分布地区往往孕育着更丰富的遗传多样性，加速物种形成。特别是对受传粉生态位和共生真菌生态位严重影响石斛属植物的进化和适应的类群来说，更应该给予其边缘分布区更多的关注。石斛属植物在我国的分布态势，为研究石斛属植物的进化和适应，特别是对温带气候环境和生境的适应提供了天然实验场所；同时，也为我们探讨全球气候变化背景下石斛属植物进化和适应趋势提供了比较理想的研究平台。毫无疑问，进化和适应的深入研究离不开对石斛属植物形态结构数据的积累和挖掘。《中国石斛属花形态图志》的作者李璐博士与其研究团队长期从事兰科植物多样性保护工作，全书精心挑选108种石斛属及近缘种植物，展现它们的植株形态和花形态解剖特征，逐一描述每个种的植物基本信息，包括植物形态、花形态特征、花期、用途、地理分布和近似种等。如此丰富系统的形态学数据，一定会给我国石斛属植物的进化和生态适应研究提供强有力的支撑。给人印象深刻的是该书系统收集了石斛属植物花部形态中的许多显微形态数据，如合蕊柱、花药帽和花粉团等。这些显微形态虽然可能与花吸引传

粉昆虫不是十分相关，但它们是否影响传粉昆虫在石斛花上的活动行为，需要进一步研究。或者也有可能这些性状本身不受传粉者选择，而是一种中性或近乎中性的性状。所有的这些科学问题的解决需要借助石斛属植物的全基因组工作来进行深入探讨，同时，也需要构建石斛属植物的转基因体系来对石斛植物进化和适应的关键基因进行验证。期待在《中国石斛属花形态图志》一书的基础上，我国相关学者在石斛属植物中取得更多有突破性的研究成果。

罗毅波　博士　研究员

国际自然保护联盟兰花专家组（OSG）亚洲区委员会主席

2023年3月15日

  兰科是被子植物的第二大家族，广布全球，主要见于热带和亚热带地区，蕴藏着丰富的物种多样性。中国作为兰科植物的分布中心之一，拥有兰科植物近200属1 800余种，涵盖了该科所有5个亚科及主要次级分类群的种类，在世界兰科植物区系和生物多样性保护中占有重要地位。石斛属是兰科的三大属之一，约1 500种，分布于亚洲的热带和亚热带地区至大洋洲，中国有百余种，见于秦岭以南的地区，以云南的资源最丰富。

  长期以来，石斛药材在我国家喻户晓，它的名字在《神农本草经》《开宝本草》《本草纲目》等医学古籍里均有记载，具滋补益气之功效。我国可以入药的石斛属植物有50余种，包括铁皮石斛、细茎石斛、金钗石斛和齿瓣石斛等。大部分石斛属植物开花时都具有花色艳丽、花形独特、花香四溢的特点，其园艺观赏价值颇受重视。自20世纪80年代以来，我国石斛种植产业稳步发展，栽培技术日益完善，逐步成为一些地方的绿色经济支柱产业。然而，无论是在传统医学典籍还是在现代产业发展中，石斛药材的基源植物难免存在同物异名或同名异物以及形似种的代用或混用等现象。因此，认真梳理我国野生石斛的种类及其基本植物信息、完善和补充现有的分类学资料，是稳步推进中国石斛产业发展的重要环节。

  《中国石斛属花形态图志》的作者及其研究团队长期从事兰科植物多样性保护工作，聚焦于我国兰科植物资源的调查和保护利用，擅长从形态解剖学的角度揭示物种分类的识别特征，为珍稀濒危兰花的保护生物学提供科学依据。该书反映的是作者从事的兰科多样性保护工作中较为成熟的一部分。作者针对石斛属野生资源利用存在着的物种鉴定不清、资源利用不合理的现象，利用野外调查法和体式解剖镜观察法分析了石斛属植物的植株形态和花形态解剖特征，然后根据文献资料鉴定了100余种，规范制作每种植物的花形态图，比较分析它们的形态鉴别特征，收集整理其地理分布、用途以及近似种等相关信息，在此基础上查阅相关文献研究资料，初步梳理了石斛属植物的研究概况，根、茎、叶、花的形态多样性及分类学意义，最后将相关研究资料和成果整理成文，形成该书的主要内容，又几经修改，不断完善，终成书稿。

  该书学科专业性强，内容丰富翔实，物种鉴定准确，图片清晰精美，文字简洁流畅，行文规范严谨，是一本极具科研和实践运用的工具书。该书的出版，可为深入开展石斛属花形态特征多样性及系统演化研究提供学科基础支撑，为我国野生兰科植物资源的保护和利用提供科学依据，也可为广大读者了解我国传统石斛药材基源植物的种类及其蕴含的园艺观赏价值提供新资料。故乐为序。

彭华 博士 研究员

中国科学院昆明植物研究所标本馆馆长

2022年10月10日于昆明

石斛属是兰科的第二大属，拥有近1 500种，分布于亚洲和大洋洲的热带和亚热带地区，是热带雨林和亚热带常绿阔叶林下主要的附生植物。中国石斛属有100余种，一半以上的物种都具有较高的药用和观赏价值，备受人们青睐。自古以来，传统的石斛药材被人们津津乐道，处处受追捧。其中，享有"中华九仙草之首"美誉的铁皮石斛，采摘、晾干、加工后卷曲呈螺旋状的药材在市场上被称为"铁皮枫斗"，其市场价格不断攀升，被称作药材市场上的"软黄金"。随着市场需求增加，越来越多的石斛新产品涌入市场，如石斛茶、石斛粉、石斛糖、石斛花、石斛胶囊和石斛片剂等。除了铁皮石斛外，我国传统的民间药材石斛的基源植物种类繁多，市场需求稳步增长。此外，石斛属中一些花形独特、花色艳丽的物种，也常被用作园艺杂交品种选育的亲本，具有较高的观赏价值。因此，石斛种植产业成为我国不少地方的绿色经济发展支柱。

正是由于石斛属植物蕴含着巨大经济价值，且长期以来人们养成了直接利用野生植物的消费方式，我国野生石斛资源面临着数量锐减的困境，其中以铁皮石斛和霍山石斛为代表的重要野生药用石斛植物资源已经濒临灭绝，成为重点保护对象。由于野生资源的匮乏，石斛产业的发展也受到了严重影响，野生珍稀濒危植物资源保护工作日益紧迫，基于此，作者和研究团队长期致力于兰科植物多样性保护生物学研究、野外资源调查、实验材料收集和兰花生物学基础研究。然而，正如大部分科研工作者遇到的问题一样，选择珍稀濒危植物作为研究对象，最大的挑战来自实验材料收集。尽管兰科植物种类丰富，但野外生境特殊，兰科植物居群个体数量少，要在野外获得合适发育时期的研究材料是非常困难的一项工作。为了解决这个问题，作者一方面通过主持并完成一系列的国家自然科学基金和省部级项目，在野外收集了大量的实验材料，另一方面通过与国内科研单位和生物科技公司建立合作关系，获得了一些关键的实验材料。因此，本书的研究材料除了一部分来自作者完成科研项目开展的野外调查外，大部分由云南丰春坊生物科技有限公司和高校合作建立的"西南林业大学教学科研实践基地"提供，还有一部分材料的获取得到了中国科学院西双版纳热带植物园、中国科学院昆明植物研究所、中国医学科学院药用植物研究所云南分所等单位的国内兰花保育专家的支持。

《中国石斛属花形态图志》一书的出版历时五年，从采集材料、显微镜解剖拍照、分析结果到制作图版、整理归纳再到写作，都饱含了作者的心血和团队的辛勤付出。撰写本书的思想萌芽，可以追溯到2010—2012年作者在中国科学院西双版纳热带植物园园林园艺部工作期间。当时，作者负责珍稀濒危野生植物保育工作，聚焦于兰科植物的引种栽培，有大量的时间和机会认真观察、拍照记录兰花的生长周期，根据花果形态特征鉴定了大量的兰花物种，获得了部分兰花形态解剖特征的研究数据。本书材料的正式收集以作者2015年指导本科生毕业论文为起点，后通过每年指导本科和硕士研究生论文，完成了

近80属约300种兰花植物的花形态解剖和花药发育过程资料收集。鉴于石斛属野生资源保护较为迫切，作者先挑选出108种石斛属植物为研究对象，查阅资料，系统整理研究结果，精心制作图版，最后结集出版。

《中国石斛属花形态图志》一书的物种名，综合采纳了1999年出版的《中国植物志》第19卷和2009年的英文版《中国植物志》（*Flora of China*）第25卷狭义石斛属的分类系统，并参考了2019年出版的《中国野生兰科植物原色图鉴》基于分子系统学构建的广义石斛属概念。全书选择了108种石斛属及近缘种植物为研究对象，通过植株形态和花形态解剖特征图，逐一描述每个种的植物基本信息，包括植物形态、花形态特征、花期、用途、地理分布和近似种等。作为学术专著，本书可供广大科研人员、高校教师、农林专业的学生等参考。书中展示了100余种色彩艳丽、花形独特的石斛属植物及其不为常人所关注的解剖镜下才看得到的花微形态结构特征，对于普通读者来说，这是一本图文并茂、通俗易懂、值得反复研读的科普书。希望本书的出版，能为中国石斛属野生植物资源的保护和利用提供一定的科学参考。

鉴于作者知识水平有限，书中难免有需要不断完善的地方，欢迎读者批评指正。

李璐

2022年11月18日于昆明

中国石斛属花形态图志 | **目录**

第一章

石斛属的研究概况

图1-1　美花石斛*Dendrobium loddigesii*

第一节 石斛属的简介

（一）拉丁学属名解释

石斛属（*Dendrobium* Sw.）是由瑞典植物学家Olof Swartz于1799年建立的类群，属模式标本为细茎石斛 [*D. moniliforme*（L.）Sw.]。该属的拉丁学名（*Dendrobium*）系由希腊语 "*dendro*" 和 "*bios*" 构成的复合词，前者指树木，后者为生命，意为长在树上的生命，指石斛属植物多生长在热带和亚热带森林的树干上，为典型的附生兰。

（二）形态特征

石斛属植物具有以下分类学特征，包括习性、根、茎、叶、花、果、种子等结构。①多为附着在树干或岩石表面的多年生附生兰，极少为地生兰。②根茎为圆柱状，多光滑，极少数具绒毛 [如绒毛石斛（*D. senile*)]；茎秆直立圆柱形，普遍肉质、富含多糖，具明显茎节和宿存的膜质叶鞘，有的具假鳞茎。③叶片多为背侧扁平叶，全缘、具明显中脉，基部对折为 "V" 字形，通常有节。④总状花序多着生在去年老枝的中上部，为侧生、顶生或丛生，多与叶片对生。⑤开放花大型，花色鲜艳，部分具有浓郁香味；伴随着子房扭转，大部分种类的花形发生倒转，致使唇瓣朝下。⑥成熟花由3枚萼片、3枚花瓣和合蕊柱组成，其中的一枚花瓣特化为颜色形态各异的唇瓣。萼片和花瓣全缘，形态相似，两枚侧萼片基部愈合为萼囊或花距，与蕊柱足相连。⑦唇瓣全缘或3裂，基部不延伸为花距。⑧合蕊柱直立，顶部花药由盔帽状花药帽和4枚蜡质花粉团组成，其下为发达的蕊喙和凹陷的柱头腔，中下部为扁平的合蕊柱体和发达的蕊柱足。⑨蕊喙发达，肿胀隆起呈中空状，会分泌黏性胶状物，有助于异花授粉。⑩子房和花梗圆柱状，扭曲，具纵棱；子房1室，具侧膜胎座；蒴果长椭圆形，种子细小，无胚乳。

（三）细胞学

现有资料表明，石斛属植物均为2倍体，种间细胞染色体数目差异较大。据报道，石斛属植物的染色体数量为$2n = 18$，30，$32 \sim 35$，36，$36 + Bs$，38，$38 + Bs$，39，40，$40 + Bs$，41，42，43，57，76和80（Jones *et al.*，1982；Brandham，1999）。Brandham（1999）认为染色体基数$x = 19$，由此二倍体有38条染色体，三倍体有57条染色体，四倍体有76条染色体，也有染色体基数$x = 20$或10的情况，由此可以解释二倍体有40条、80条染色体的情况。染色体基数$x = 10$通过减数分裂过程加倍增加到$x = 19$也是有可能的（Brandham，1999）。例如，流苏石斛（*D. fimbriatum*）$2n = 40$，铁皮石斛（*D. officinale*）$2n = 38$，玫瑰石斛（*D. crepidatum*）$2n = 38$。

（四）地理分布

全世界的石斛属有1 450 ~ 1 600种，广泛分布于亚洲热带和亚热带地区至大洋洲。我国有100余种，分布在秦岭以南等地区，尤以云南的物种最丰富，有60种以上。

图1-2　球花石斛*Dendrobium thyrsiflorum*（摄影：王晓云）

第二节　石斛属在兰科分类系统里的位置

（一）兰科植物简介

兰科是仅次于菊科的第二大科，拥有约800属近26 000种，是被子植物中物种多样性最丰富且适应性演化程度较高的家族。兰科植物分布广泛，适应性较强，除了沙漠和两极外，全球均有分布。它们普遍具有典型的两侧对称花，这是由于其花结构特征高度特化导致的，包括中央的雌蕊和雄蕊愈合为合蕊柱，三枚花瓣中的一枚特化为唇瓣，子房扭转导致花形倒转、唇瓣朝下。由于花形独特，形态变化多样，根据合蕊柱愈合程度和花粉散粉时的单元类型，兰科被分为5个亚科，这也得到分子系统学证据的有力支持。其中，核心类群的树兰亚科是物种数目最多的一个分支，约21 000种，具有高度发达的合蕊柱、花药帽和花粉团等特征，主要分布于热带和亚热带的森林里，为具有发达气生根的附生兰。

（二）石斛属在树兰亚科中的系统位置不确定

石斛属隶属于树兰亚科，是典型的热带和亚热带分布的附生兰。在经典的分类系统里，石斛属及其近缘属常常被归为树兰亚科沼兰族内，处理为亚族（Dendrobiinae），包括了石豆兰属（*Bulbophyllum*）、多穗兰属（*Polystachya*）和毛兰属（*Eria*）及其他近缘属（alliance）。我国石斛属的分类系统也采用了类似的分类学处理（吉占和等，1999；Chen *et al*.，2009）。在兰科分子系统学出现之前，人们普遍认为石斛属与毛兰属的亲缘关系最近（Wood，2006）。然而，近年来一系列的分子系统学研究结果表明，石斛属和石豆兰属是一对姐妹群，组成了石斛族（Dendrobieae）（Clements，2006；Pridgeon *et al*.，2014）。同时，毛兰属则与多穗兰属具有较近亲缘关系。其中，基于低拷贝*Xdn*基因构建的分子系统树以较高的支持率证实了石斛属和石豆兰属的姐妹群关系，并认为石斛族与沼兰族的亲缘关系较近（Górniak *et al*.，2010）。当然，也有研究认为，石斛族和万代兰分支（Vandoid clade）构成姐妹群，但支持率较低，目前尚未有明确定论（van den Berg *et al*.，2005）。因此，在树兰亚科分子系统树上，石斛属及近缘类群组成的石斛族的系统位置仍然不确定，需要更多资料来验证。

（三）石斛属与近缘属石豆兰属的形态差异

不过，关于石斛属和石豆兰属的亲缘关系在形态学方面可以得到合理解释。这是因为两者在形态方面具有高度的相似性，包括以下几点：①两者均为泛热带分布的附生或石生的多年生草本。②它们的两枚侧萼片基部愈合为囊（mentum），并与蕊柱足相连。③唇瓣全缘或3裂，基部不延伸为花距。④合蕊柱直立较短，基部延伸为蕊柱足。⑤花药帽盔状，具4枚均等或不均等的花粉团，无花粉团柄、黏盘或黏盘柄等附属结构，属于裸花粉团。不过，两个属也有明显的区别特征，正如两个属的分属检索表所体现的，包括茎秆是否具假鳞茎或明显茎节、叶片数目、花序着生位置以及花粉团形态等（Pridgeon *et al*.，2014）。具体说来，石斛属具明显的直立茎秆，叶片多枚，花序顶生、侧生或腋生，具4枚近等大的花粉团。相反，石豆兰属具假鳞茎，通常只有一个茎节，其上有1～2片具叶鞘的叶片，花序自假鳞茎或茎秆基部抽出，花粉团为不等大4枚或2枚，例如被称为"石豆兰之王"的美花卷瓣兰（*Bulbophyllum rothschildianum*）（图1-3、图1-4）。

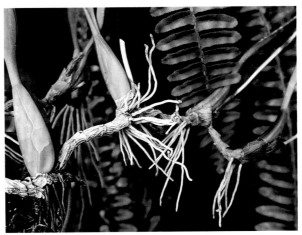

图1-3　石豆兰属花形态特征——以美花卷瓣兰
*Bulbophyllum rothschildianum*为例

图1-4　石豆兰属植株形态——以美花卷瓣兰
*Bulbophyllum rothschildianum*为例（示其发达的假鳞茎和
气生根）

此外，有人认为，传粉综合征差异也可以作为这两个属的分类学区别特征（Pridgeon *et al.*，2014）。例如，石斛属的花型较大，花色艳丽多姿，且多数具香味，主要吸引鸟类以及蜜蜂、黄蜂和食蚜蝇等传粉动物。但是，石豆兰属的花朵较小，主要吸引苍蝇传粉。

第三节　石斛属的分类系统和分子系统学

（一）石斛属物种分类的重要性和存在的问题

石斛属是亚洲和大洋洲的热带和亚热带森林里重要的林下附生植物，是热带雨林和常绿阔叶林森林生态系统的重要组成部分。同时，由于具有重要的观赏和药用价值，石斛属的野生资源常常被人们直接采集利用，面临着成为极度濒危植物的威胁。生境的破碎化和人为活动干扰给石斛属物种的生存带来巨大压力。因此，石斛属的分类不仅是植物学家关注的焦点，也是生态学家和生物多样性保护学家关心的核心问题之一。

截至2022年12月，根据英国邱园皇家植物园创建的世界在线植物网站（plants of the world online），石斛属发表的拉丁学名有1 601个，另有78个异名（POWO，2022）。随着野外调查持续开展，伴随着新种发现和新记录发表，中国石斛属物种分类系统也在不断更新。早期的文献记载我国有57种（吉占和，1980），后记录为74种2变种（朱光华，1999），接着被修订为78种（Zhu *et al.*，2009）。近年来，越来越多的分子证据表明，石斛属与其近缘属［厚唇兰属（*Epigeneium*）和金石斛属（*Flickingeria*）］等构成一个单系，组成广义石斛属。最近的研究资料表明，我国石斛属约有110种，其中就包括这两个近缘属约20个物种（金效华等，2019）。

关于石斛属内的物种划分和系统关系，长期以来存在着争议。Kranzlin（1910）把石斛属分为10亚属27组，约600种。Schlechter（1912）提出了新系统，把石斛属分为4亚属41组，这得到了大部分学者的认同，他基于此系统又做了不少修订。在中国石斛属的分组系统研究方面，我国学者先将石斛属分为9组57种（吉占和，1980）；后增至为12组74种（吉占和等，1999），包括禾叶组

（Sect. *Grastidium*）、顶叶组（Sect. *Chrysotoxae*）、石斛组（Sect. *Dendrobium*）、心叶组（Sect. *Distichophyllum*）、瘦轴组（Sect. *Breviflores*）、叉唇组（Sect. *Stuposa*）、距囊组（Sect. *Pedilonum*）、黑毛组（Sect. *Formosae*）、草叶组（Sect. *Stachyobium*）、基肿组（Sect. *Crumenata*）、剑叶组（Sect. *Aporum*）、圆柱叶组（Sect. *Strongyle*）。最新的中国石斛属分组系统，将其修订为14组78种，新增了寡花组（Sect. *Holochrysa*）和长爪石斛组（Sect. *Calcarifera*），同时顶叶组的拉丁学名由Sect. *Chrysotoxae* 替换为Sect. *Densiflora*（Zhu *et al.*，2009）。值得注意的是，在2019年出版的《中国野生兰科植物原色图鉴》采纳了分子系统树构建的广义石斛属概念，记录中国石斛属有110种，但未对属内分组进行处理（金效华等，2019），这似乎与现有石斛属内组间界限不清、亲缘关系复杂、系统关系亟待澄清的现状有关。

（二）石斛属的传统分类学问题

现有研究表明，石斛属的传统分类学问题集中在它与近缘属构成的石斛亚族的界限划定、属内物种划分及其亲缘关系的重建。这主要是由该属物种数目多、地理分布广、近缘属间和属内种间的形态变异存在重叠、界限不清导致的。这在前人相关的石斛属专著里均有详细梳理（Seidenfaden，1985；Wood，2006；Pridgeon *et al.*，2014）。

最早的石斛亚族是1830年由Lindley建立的。Dressler（1981、1993）提出了由6个属组成的广义的石斛亚族，包括成员庞大的石斛属和一些物种数目较小的近缘属，例如厚唇兰属和金石斛属等。其中，Rudolf Schlechter 提出的石斛亚族分类系统（Schlechter，1911—1914）一直被后人所采用，并在此基础上开展了石斛属分类系统学修订工作。不过，该分类系统建立的形态特征依据表现出明显的主观判断，包括膜质叶鞘的有或无。显然，人们普遍认为，类似的形态特征并不能很好地为该亚族的系统演化关系提供有用的证据。

（三）石斛属分子系统学研究的突破

针对石斛属的分类系统存在的争议，最先打破僵局、颇具开创性的是近年来不断积累的分子系统学研究（Yukawa *et al.*，1993、1996、2000、2001；Clements，2003、2006；Xiang *et al.*，2013）。它们一致支持石斛属与近缘类群构成了广义石斛属单系类群，认为其包括三个主要分支（main clades）。第一分支物种数目最少，仅包括厚唇兰属，独立成为一个组（Sect. *Sarcopodium*），作为其余两个更大分支的姐妹群。第二分支，又名北方支系或亚洲支系，包括10组，分别为Sect. *Amblyanthus*、剑叶组、盖唇石斛组（Sect. *Calyptrochilus*）、荫生石斛组（Sect. *Conostalix*）、石斛组、心叶组、黑毛组、菲基氏石斛组（Sect. *Fytchianthe*）、距囊组和草叶组。第三分支，又名南方支系或大洋洲支系，包括19组，分别为Sect. *Biloba*、瘦轴组、卡德兰组（Sect. *Cadetia*）、Sect. *Crinifera*、澳洲鸽石斛组（Sect. *Dendrocoryne*）、褐茎兰组（Sect. *Diplocaulobium*）、Sect. *Eleutheroglossum*、Sect. *Fugacia*、禾叶组、Sect. *Herpethophytum*、宽口石斛组（Sect. *Latouria*）、地衣石斛组（Sect. *Lichenastrum*）、Sect. *Macrocladium*、Sect. *Microphytanthe*、独叶苣苔组（Sect. *Monophyllaea*）、蝴蝶石斛组（Sect. *Phalaenanthe*）、Sect. *Pleianthe*、Sect. *Rhizobium*、Sect. *Spatulata*。

这三个主要支系可能被划分为亚属，但现有的石斛属分子系统学并未使用这个等级，这主要是因为北方和南方支系之间用于分类的形态学特征不一致，而且在不同分析中取样范围不同，其支持率也不同。对更多物种的DNA序列进行分析可能会提高人们对石斛属分组系统发育的认识，并由此导致对已经确定的某些组的拆分或在其中建立亚组。一方面，在石斛属分类中不使用亚组的等级，是因为仍有许

多支系存在研究资料不足的现状。不过，部分组下的分类学处理是值得肯定的，例如石斛组、禾叶组、距囊组、卡德兰组、Sect. *Crinifera*、褐茎兰组、Sect. *Macrocladium* 等7组，可以进一步细化为不同的亚组。当然，这样处理也存在着由于划分细化有悖于传统分类学初衷的问题。例如，Wood（2006）提出Sect. *Macrocladium*可分为7个亚组：Subsect. *Dendrobates*、Subsect. *Finetianthe*、Subsect. *Inobulbum*、Subsect. *Kinetochilus*、Subsect. *Macrocladium*、Subsect. *Tetrodon*和Subsect. *Winika*。其中大多数亚组只包含一或两个物种。这种狭义的划分方式，以及Clements（2003、2006）和其他人提出在属内组间的划分似乎不切实际。因为它们没有令人信服的形态分类学特征作依据，并且植物分类名称的频繁变化也会为园艺学及其他实际生产实践带来不利影响（Adams，2011；Schuiteman & Adams，2010；Schuiteman，2011）。

除了第一分支由厚唇兰属组成，分支内的系统关系不存在争议外，其余两大分支内的系统关系仍然存在不同程度的争议。在南方分布的大洋洲分支里，已明确分成了19个分支（subclades），这些组根据形态特征可以较好地识别区分。不过，也有一些小分支（组）因缺乏高支持率或其他证据，既不能确定为单系，也不能证实为多系，例如澳洲鸽石斛组和禾叶组等。在北方分布的亚洲分支里，暂时确定了10个次分支，其中的一些分支似乎是多系起源，部分分支在将来可能会被划分为亚组。在支持率和分辨率较低的情况下，形态学特征就成为属内划分亚组的决定性依据，但在少数情况下，这导致了最终可能是并系或多系的分组系统。例如，支持草叶组和禾叶组是稳定的单系（Xiang *et al.*，2013）。

（四）石斛属分子系统学存在的问题

基于分子系统树构建的石斛属分支，更多结合形态学证据，为该属组间亲缘关系的澄清提供了新证据（Yukawa *et al.*，1999、2000、2001、2003；Clements，2003、2006；Adams，2011；Burke *et al.*，2008；Xiang *et al.*，2013）。这些研究结果支持了传统石斛属分组系统的部分分组的处理，但同时也带来了新的分类学问题，包括很多获得强烈支持的分支得不到形态学特征的合理解释。这可以从以下四项有代表性的研究结果里窥见一斑。

第一，最早的研究可追溯到Yukawa等（2000）使用叶绿体*matK*基因序列构建的系统树，结果支持现有的基于形态学的石斛属属内分类系统，但取样范围有限。该研究发现距囊组的模式种红牙刷石斛（*D. secundum*），与分别来自盖唇石斛组和剑叶组的两个物种（现在的分类学中）构成一个亚分支（subclade），具有较高支持率，表明它们具有一定亲缘关系。这个处理在其他研究里也得到相应的验证，并据此建立了距囊组近缘类群分支（*Pedilonum* alliance）（Clements，2003），包括传统意义上的7组：距囊组、长爪石斛组、盖唇石斛组、雪山石斛组（Sect. *Cuthbertsonia*）、Sect. *Dolichocaulon*、尖舌石斛组（Sect. *Oxyglossum*）和扁茎石斛组（Sect. *Platycaulon*）。这些组曾被认为亲缘关系较近，但目前它们并非单系。

第二，Yukawa（2001）基于叶绿体*matK*基因片段和ITS序列的合并数据，构建了一个包括93种石斛植物的基因树。值得注意的是，该结果认为单独分析*matK*基因和ITS序列时也会得出类似的结果。其中，基因树揭示了2~4个组聚成了具高支持率的分支，并得到形态学证据支持，包括：①荫生石斛组（Sect. *Conostalix*）+心叶组+黑毛组；②*Biloba*（as *Monanthos*）+禾叶组+Sect. *Herpethophytum* + Sect. *Pleianthe*；③Sect. *Spatulata* + Sect. *Eleutheroglossum* + 蝴蝶石斛组；④澳洲鸽石斛组 + Sect. *Rhizobium* + 地衣石斛组 + 独叶苣苔组（as *Australorchis*）；⑤褐茎兰组 + *Crinifera*（早期归为金石斛属）+ Sect. *Microphytanthe*。值得注意的是，构成最后一个分支的两个组，其形态特征差异明显，很难给出具有代表性的分类学形态证据。同样的现象还出现在其他支持率较高，但形态特征难以解释的类群所构成的分支中。例如，盖唇石斛组和剑叶组构成的分支；顶叶组＋距囊组＋石斛组被认为是多系起源；菱唇石斛（*D. leptocladum*）似乎被错误地分在了禾叶组而非石斛组。这些种从形态学的角度很难找出相似性，目前难以解释。

第三，Clements（2006）基于ITS序列片段，对石斛属的118个分类群进行了相对均衡的抽样研究，得出的基因树基本上证实了Yukawa（2001）的结果。他增选了来自新喀里多尼亚广泛物种样本，这对从Sect. *Macrocladium*中分裂出来的几个地方组的支持很少。特别的是，尽管证据不足，但结果显示*D. herpethophytum*列入新喀里多尼亚支系而非禾叶组近缘群（*Grastidium* alliance）中。同时，该研究还关注了来自Sect. *Fugacia*的两个种（*D. coxii* [= *D. lacteum*]和*D. aff spurium*）。该组在传统分类系统里被认为是石斛属内形态最独特的、看起来最自然的组之一，但结果表明这两个种并未构成独立的分支，而是被归入澳洲支系的不同位置。

第四，Burke等（2008）对澳洲支系进行了取样，包括所有以前归在澳洲鸽石斛组的物种以及代表Sect. *Rhizobium*主要植物类型的物种。在构建的基因序列树中，北方支系和南方支系的支持率均为100%；支持Sect. *Macrocladium*为南方支系中所有组的姐妹群（Yukawa，2001；Clements，2006）。同时，卡德兰组、褐茎兰组、Sect. *spatulata*和蝴蝶石斛组与其余的部分构成姐妹群关系，但其中的分类学问题并未得到很好的解决。澳洲鸽石斛组有两个种（*D. aemulum*和*D. callitrophyllum*）被归入Sect. *Crinifera*（即金石斛属），它们都与Sect. *Australorchis*亲缘关系很近。然而，后者又与其余两个族（Sect. *Rhizobium*和澳洲鸽石斛组）的大部分物种具有较近的亲缘关系。结合形态学证据，这个分子系统学处理为支持地衣石斛组为独立的组提供了证据，尽管该组有时被认为是Sect. *Rhizobium*的一部分。不过，也有人认为澳洲鸽石斛组和Sect. *Rhizobium*存在着自然杂交，这也可能是导致它们缺乏单系的原因（Adams，2011）。Burke等（2008）在ITS序列中发现了假基因，但认为这些假基因对构建基因树没有很大影响。

（五）石斛属分子系统学里部分关键分支的分类学问题

鉴于石斛属分子系统学的一些主要分支虽获得较高支持率，但形态特征难以解释，系统位置不确定的分类困难，基于现有资料，本节初步整理了以下几点：

第一，黑毛组、萌生石斛组、心叶组的系统亲缘关系存在争议。基于叶绿体基因*matK*片段和ITS序列构建的黑毛组系统发育树（Satthapatayanon，2008）揭示了该组为双系起源。基于ITS序列构建的基因树强烈支持广义顶叶组和锥药金牛组（Sect. *Amblyanthus*）具有极近的亲缘关系，这与早期Yukawa（2001）的*matK*基因树研究结果一致，同时还表明锥药金牛组和草叶组具有亲缘关系。不过，黑毛组与心叶组、萌生石斛组和顶叶组等的亲缘关系支持率较低。Sathapattayanon（2008）认为一些原本属于石斛组的物种，例如菲律宾的桑德石斛（*D. sanderae*）及其近似种，尽管形态相似但亲缘关系并不密切，如美丽石斛（*D. formosum*）。该研究结果表明，心叶组中具有大花的种类与萌生石斛组的部分物种亲缘关系更近，而非与心叶组的成员近缘。因此，心叶组的更多成员应该划入黑毛组，反之亦然。建议最好只粗略划分一个广义的组，包含萌生石斛组和心叶组的种类。故此，在处理石斛属分类问题时，关于这三组的部分物种的系统位置，其关键的分类学特征存在不尽如人意之处。

第二，分子系统学的广义距囊组和盖唇石斛组的划分似乎可以通过DNA序列证据得到支持，但形态学上却没有什么线索来确定部分物种应该归入哪个组。这两个组都包含大多数以前的研究者承认是Sect. *Calcarifera*和距囊组的种。在这两个组构成的分支里，具有粗糙甚至疣状乳突的根形态特征只存在距囊

组中（但也存在于南方支系和Sect. *Sarcopodium*的某些种里）；而具有小乳突或有翅的子房，唇瓣先端内折或无肉质的茎的种只存在于盖唇石斛组中。这使得许多"没有特征"的种没被归类，它们具有光滑无毛的根、光滑平整的圆柱状子房，以及膨大的茎。根据形态学，这些种都很难归入距囊组或盖唇石斛组。分子证据表明，苏拉威西岛以西（包括一些在更东边出现的）所有"没有特征"的种都属于距囊组（如*D. hasseltii*），而所有菲律宾、苏拉威西岛和更远的东部地区特有的"没有特征"的物种，在当地占了大多数，则属于盖唇石斛组〔如长苞石斛（*D. bracteosum*）〕。

第三，石斛组和顶叶组的分子系统学研究结果表明这两个组并非单系（Wongsawad *et al.*，2015）。一方面，传统意义上的石斛组的部分物种没有被归为现有石斛属分子系统所包括的三大主支系范畴，属于位置不确定的游离类群，包括短棒石斛（*D. capillipes*）和白血红色石斛（*D. albosanguineum*）。这两个种在形态特征上明显属于石斛组的范畴。同样，绒毛石斛在形态上应该被归为石斛组，但在分子系统树上并未得到支持，属于位置不确定的类群。不过，绒毛石斛在石斛属内非常独特，其植株密被白色长茸毛的特征是非常罕见的。另一方面，本该归为叉唇组和瘦轴组的物种被划入石斛组。同时，传统意义上的顶叶组被分成了三个分支：①鼓槌石斛（*D. chrysotoxum*）被划入石斛组；②聚石斛（*D. lindleyi*）和小黄花石斛（*D. jenkinsii*）这两个近似种构成了支持率较高的分支；③顶叶组内与密花石斛（*D. densiflorum*）近缘的物种却与具槽石斛（*D. sulcatum*）构成支持率较高的分支，具有较近亲缘关系。目前，关于这三个支系的问题尚未解决。

（六）石斛属分子系统学里北方支系的研究进展

在石斛属的三大支系里，北方支系即亚洲支系暂时确定了10个组。该支系里的部分分支虽获得强烈支持，但分支组成的成员在形态特征方面相去甚远，存在着难以解释的困难。最值得注意的是，被命名为盖唇石斛组、剑叶组和距囊组的三个分支虽均获得强烈支持，但它们与传统分类学上的同名的分组概念相去甚远，形成了广义的分组概念。首先，如前所述，盖唇石斛组包括在形态学上划定的狭义盖唇石斛组、狭义距囊组、尖舌石斛组、雪山石斛组、Sect. *Dolichocentrum*、Sect. *Calcarifera*（p.p.）的全部物种。这些以前的组并不都形成支系，尽管某些种的分支表现出强有力的支持。其次，广义剑叶组包括以前形态学划定的4组，即狭义剑叶组、圆柱叶组、Sect. *Bolbodium*、基肿组。在广义剑叶组中可以看到两个获得强烈支持的亚支（subclades），一个亚支包含木石斛（*D. crumenatum*）和其他种，另一个亚支包括*D. reflexitepalum*和其他种。第一个亚支包含或种具有膨大茎秆，包括传统的基肿组和Sect. *Bolbodium*（*D. hymenanthum*），但也有两个种并无膨大或膨胀的茎（*D. pseudocalceolum* & *D. reginanivis*），它们传统上被划入剑叶组。在第二个亚分支中，不存在茎节间肿大的种，即传统分类上处于剑叶组和圆柱叶组的物种。不过，两个亚支系中都有叶片扁平，具有明显背腹面之分的物种。再次，广义距囊组包括狭义距囊组、长爪石斛组和扁茎石斛组。传统分类系统的距囊组和长爪石斛组是多源的。在这个支系中，距囊组和长爪石斛组的物种，如先前所划定的，不形成稳定的分支。例如，距囊组的物种（*D. hasseltii*）、长爪石斛组的物种（*D. derryi*）和扁茎石斛组的宽鼓石斛（*D. platygastrium*）构成获强烈支持的分支，而非与传统距囊组的两个种，即红牙刷石斛和紫舌石斛（*D. amethystoglossum*）构成一个分支。同样，原本属于长爪石斛组的两个种（*D. mutabile* & *D. sanguinolentum*）并不与同组的物种（*D. derryi*）构成独立分支。因此，以前归属于距囊组和长爪石斛组的物种，似乎表现出趋同进化的现象。此外，Clements（2003）基于66种石斛属植物的ITS序列片段构建了系统树，重点分析了上述定义的距囊近缘类群（*Pedilonum* alliance）的物种，证实了盖唇石斛组和剑叶组之间有很近的亲缘关系，同时支持距囊组和Sect. *Calcarifera*是多源的。Clements（2003）还指出，Sect. *Bolbodium*应被归入基肿组。

同时，北方支系部分分支的组成类群的亲缘关系尚未明确，包括荫生石斛组和草叶组等。首先，荫生石斛组和心叶组构成一个分支，支持率较高。也有其他研究结果认为荫生石斛组和黑毛组形态特征相似，具有较近亲缘关系。不过，这可能是由于该分支取样范围较窄造成的（Sathapattayanon，2008）。其次，草叶组在系统树上，构成了较好的一个单系，形成具有高支持率的独立分支。然而或许由于这个原因，草叶组与其他类群的近缘关系并不明确，属于系统位置不确定的分支。草叶组可以成为北方支系里其余部分的近缘类群，但常被显示为嵌套在北方支系中。总之，关于草叶组的系统位置及近缘关系问题目前尚未解决。不过，就花形态特征而言，草叶组在北方支系里极为特殊，因为它们的唇瓣前端有一明显的延伸结构，且基部有胼胝体或有片状的龙骨。值得注意的是，这些特征本来只见于南方支系。

有意思的是，石斛属的个别物种，形态较为独特，很难将其归为属内的任何一个组，同时在分子系统里也属于系统位置不确定的类群，包括翅梗石斛（*D. trigonopus*）、绒毛石斛和*D. jerdonianum*。由于形态特征独特，在形态学上很难将其归为传统分类系统的任何一个组。此外，它们在分子系统学里也被列为系统位置不稳定的类群。整体的形态学的相似性和低的支持率表明，在几乎所有发表的相关物种的进化分支图中显示的多源性可能并不反映它们的真实进化情况。

综上所述，关于石斛属的分类系统尚存诸多问题亟待解决，尚需更多证据。无论是基于形态学或分子系统学证据来重建该属的分类系统，都需要建立在物种鉴定清楚、种间界限明确、取样范围充分且有代表性的基础上。

第四节　石斛属的地理分布和生境

（一）石斛属的地理分布

大量资料表明，石斛属广泛分布于热带亚洲和太平洋岛屿，西起斯里兰卡，东至太平洋塔希提岛，北至印度的西北部、锡金邦及尼泊尔、不丹和喜马拉雅一带，经缅甸向东北到中国南部并远至朝鲜南部、日本的九州和四国，南达太平洋的塔希提岛和大洋洲的澳大利亚和新西兰。从种类分布来看，大部分物种都集中分布于热带东南亚，属于石斛属的分布中心（吉占和等，1999）。

如前所述，根据形态和分子证据，包括厚唇兰属和金石斛属等近缘属在内的广义石斛属是一个单系分支，主要分为亚洲分支和大洋洲分支。然而，关于石斛属的生物地理学和多样性形成的研究甚少。由于缺乏化石资料，石斛属的地理起源也尚未有定论。有人试图通过推测冈瓦纳古陆的起源来解释石斛属的起源和地理分布模式。Wood（2006）赞成双中心的起源论，包括印度板块的北移与澳大利亚−菲律宾板块的构造变化。按照这种观点，最早的石斛属植物可能出现在第三纪早期或更近的时候，在现代亚洲支系分布的部分地区实现了物种多样化。不过，目前亚洲尚未发现相应的化石证据。仅有的化石资料出现在新西兰，有研究报道发现了石斛属的叶片化石，揭示了该属大约在中新生代（即2 300万～2 000万年前的早第三纪中新世）扩散到新西兰（Conran *et al.*，2009）。这为该属的时空演化提供了一些线索。

最近的研究表明（Xiang *et al.*，2016），亚洲主要分支成员为常绿阔叶林下的附生植物，从渐新世后就出现在亚洲大陆，并逐渐向高海拔地区扩散。同时，该研究认为石斛属亚洲分支成员的原始习性为附生，分化出的地生和石生习性植物为发生在近期、具有多重起源的独立事件。此外，石斛属亚洲分支

的物种多样性与渐新世后期和中新世期的气候变暖因素相互重叠，还与新生代时期繁盛的常绿阔叶林主要组成的兴起密切相关，包括壳斗科、樟科、木兰科和山茶科等。这都为亚洲分布的石斛属分支的物种多样性组成提供了重要资料。

（二）石斛属植物的垂直地带性分布特点

石斛属多为附生植物，有时是岩生植物，地生种类很少。它们的分布区域很广，只要有附生兰花出现的地方，都可能遇到它们。在大洋洲地区，该属物种最集中的地方是在海拔800～1 500m的原始森林，除了在新几内亚岛，很少有物种出现在2 200m以上的地方。在马来西亚北婆罗洲沙巴的神山上出现的70种石斛中，只有6种分布在海拔1 800～2 400m范围内（Wood *et al.*，2011）。在亚洲喜马拉雅山，可以在高达3 660m的地方发现流苏石斛（Pearce & Cribb，2002），但这只是个例外，因为只有少数石斛物种能生长在海拔2 500m以上。在新几内亚岛，大约有30种石斛生长在海拔3 000m及以上地区。在该区域，石斛在低海拔地区的雨林中很常见，而在具有强烈季节性气候的热带地区，低地生长的石斛相对较少。在河谷、峡谷或山顶等地，一些湿度相对较高的小气候环境里，也会有石斛属植物。

中国野生石斛资源主要分布在秦岭以南的热带和亚热带森林，集中在南方地区，向北逐渐减少，海拔范围在100～3 000m。中国石斛属植物区系组成，不属于纯热带分布类型，而是具有以东南亚为中心并向亚热带扩散分布的特征，具有典型的热带向亚热带过渡的趋势。就物种数而言，我国的云南、广西、广东、贵州和台湾等地为国产石斛属植物资源的分布中心。其中，以云南的种类最多，占全国物种数量的60％以上。同时，云南的石斛资源集中分布在西双版纳和临沧等边境地区。

（三）石斛属植物生境多样性

亚洲分布的石斛属植物为热带和亚热带森林里的附生兰，喜欢温暖、潮湿但又干燥、通风的环境。它们既能接受热带雨林的高温潮湿，又能接受热带山地季雨林旱季时干旱缺水的条件。一般来说，在荫蔽潮湿的地方很难发现石斛属植物。即使在亚洲大陆相对干燥的半落叶林中，大多数物种都出现在树木的高处，处于相对暴露的位置。它们主要生长在乔木的树枝和树干的上部。显然，光线充足，温度、湿度较高的环境，是石斛属植物落地生根的优先选择。在亚洲大陆分布的石斛属植物通常生长在常绿阔叶林下，成为林下附生植物的重要组成部分。自然，大部分石斛属植物喜欢附着在樟科、壳斗科、山茶科和木兰科等乔木的树干上，也有部分植物生长在常绿阔叶林的溪谷峭壁或喀斯特地貌环境里的岩石上。目前，关于石斛属植物附生习性专一性的研究，尚无明确定论。但部分草叶组、盖唇石斛组以及新几内亚分布的卡德兰组的部分物种里有专性附生。令人惊讶的是，在一些卡德兰组，个别物种甚至可以

图1-5 中国西南常绿阔叶林峭壁上的长苏石斛 *Dendrobium brymerianum*

附着在其他附生兰上。因此，关于亚洲石斛分支的附生习性是否具有专一性或多样性，值得研究人员关注。

大洋洲分布的石斛属植物，表现出明显的适应干燥和低温气候条件的趋势。在澳洲，大部分石斛属植物生长在疏林或开阔的林地，部分物种也喜欢阴凉的环境。澳洲频繁的山火似乎与石斛的生境相关，同时也限制了石斛属种群数量的增长。在漫长的演化里，该地区部分岩生或地生石斛，似乎适应了山火的威胁，在火灾结束后，其被火烧过的根部又会重新萌芽，继续生长，这体现在澳洲种群数量较多、形态变异多样、最常见的大明石斛（*D. speciosum*）。不过，值得注意的是，常绿阔叶林下的附生植物对森林火灾更敏感，它们的种群重建机会往往蕴藏在森林火灾和那些幸免于难留存下来的森林植被里。

此外，那些处于石斛属地理分布中心的物种往往都喜欢高温潮湿的森林环境，极少有物种会遭受到低温霜冻的影响。然而，那些处于分布区边缘的石斛属物种则面临着极端气候的考验。例如，澳大利亚东部森林中的*D. falcorostrum*、新西兰的*D. cunninghamii*，以及日本分布的细茎石斛等物种，其耐低温的能力较差。在澳洲分布的部分物种，有时会受到短暂的低温威胁，有时则处在40℃高温环境中，已接近石斛属物种能耐受的极端温度范围。新几内亚高山分布的个别石斛物种，会经历短暂的霜冻，如*D. dekockii*和*D. brevicaule*，且后者生长的海拔可高达4 000m以上，至今保持着石斛属植物最高海拔分布的纪录。

值得一提的是，新几内亚分布的石斛属物种的生境较为特殊。有的出现在红树林（如*D. viridiflorum*），有的可生长在海拔3 000～4 000m的亚高山灌丛（如*D. brevicaule*）、泥炭藓沼泽（如*D.lobbii*）、沿海的椰子树上（如*D. bifalce*），甚至是高山草原上的乔木以及高大蕨类植物的树干上（如*D. cuthbertsonii*）。此外，在新加坡的城市绿化带（如木石斛，附生在行道树上）、新喀里多尼亚的岩石土壤至灌木（如*D. verruciferum*）、老挝的巨石陡峭垂直面（如*D. venustum*）等环境里，也能看到石斛属植物的影子。

中国石斛属植物多为热带雨林或常绿阔叶林下的附生兰，大部分长在树干，或树顶，或林边溪谷峭壁岩石。在温暖潮湿的南方地区，有人模仿野生石斛的生长环境，在庭院房顶、院墙绿篱以及城区行道树等，人工种植石斛植物。因此，了解植物的地理分布和生境，有助于我国野生石斛资源的保护与合理开发利用，为建立迁地和就地保护，选择人工栽培适宜地提供科学依据。

图1-6　人工栽培的兜唇石斛*Dendrobium aphyllum*
（摄影：王晓云）

图1-7　人工繁育栽培的鼓槌石斛*Dendrobium chrysotoxum*（摄影：黄家林）

第五节 石斛属的共生真菌与种子萌发

在野外，大多数兰科植物从种子萌发到幼苗生长及开花结果的整个生活史，都离不开共生真菌的支持。菌根真菌对于石斛属植物的种子萌发和植株生长具有重要的作用。石斛属在自然条件下的生长和繁殖同样需要菌根真菌的共生，才能繁衍生息。

（一）石斛属菌根真菌研究进展

菌根真菌方面的研究日渐多元化，主要集中于分离方法、种类和专一性等领域，由此而产生了许多实际运用，如兰科植物种子原地共生萌发技术、菌根育苗及再引入技术、菌根菌剂等。但当前的研究也面临着一些问题，如共生体系不成熟、筛选促生菌效率低、鉴定结果不准确、局限于室内表现研究等（王亚妮等，2013；陈娟等，2013；郑伟等，2010；毛益婷，2011）。

菌根真菌的分离与鉴定是植物与真菌共生生物学研究的基础，也是研究热点。分离后得到的菌根真菌，可以用于进一步探究菌根真菌和植物的专一性、菌根真菌区系组成、共生体系结构形成等。关于石斛属菌根真菌的研究，目前集中在一些重要物种的内生真菌，包括金钗石斛（*D. nobile*）和铁皮石斛等的分离上。有人研究了41种石斛属植物的内生真菌，一共分离出1 434株兰科菌根真菌。其中，内生真菌物种丰富度最大的为滇桂石斛（*D. scoriarum*），最小的出现在短棒石斛、紫瓣石斛（*D. parishii*）和漏斗石斛（*D. infundibulum*）（杨前宇等，2018）。同时，从金钗石斛和束花石斛（*D. chrysanthum*）中分离鉴定了127株内生真菌，这对筛选石斛生物活性代谢物及其利用提供了基础资料（Chen *et al.*，2012）。在从云南和四川采集的金钗石斛和铁皮石斛分离到的25种内生菌根真菌中，大部分为担子菌和半担子菌，这些真菌对种子萌发有促进作用（郭顺星等，2000）。从云南5种石斛属植物中分离内生真菌，结果从中得到了155株内生真菌，其中有48株（占分离菌株总数的30.97%）在试验菌株上表现出抗菌活性。上述研究表明，石斛属植物存在多种内生真菌，分离筛选具有抗菌活性的内生真菌是获得抗菌天然产物的有效途径。

关于菌根真菌和寄主之间的专一性问题，也是兰科研究的重点方向。兰科菌根真菌的专一性是指能够与特定兰花种类形成共生关系的真菌系统发育类群（候天文，2010）。研究表明，菌根真菌的专一程度与兰科植物的营养模式密切相关。无叶绿素的腐生兰需要依靠内生真菌为它提供生长繁殖所需的营养物质，表现出较高的专一性。相反，光合自养型的兰花只需要真菌为其提供某些自身无法合成的特殊物质，而表现出较低的专一性（Dearnaley，2007）。在铁皮石斛中（郭顺星等，2000；亢志华等，2007）发现其共生真菌的种类在科、属、种的水平上没有严格的专一性。铁皮石斛可与多种真菌同时形成菌根，而且部分共生真菌明显来自其他兰科植物。不过，铁皮石斛共生真菌的专一性在不同生长阶段差异明显，种子萌发阶段比营养生长阶段所需的共生真菌的专一性要低。

共生菌根真菌促进石斛属植物的生长，这是有目共睹的。兰科植物的生长发育是漫长的过程，从种子萌发到营养生长和繁殖生长等阶段，均需要共生真菌的帮助。因此，不同生长阶段所需的内生真菌种类，其作用效果和共生位置等都因种而异。关于石斛属共生真菌的研究，多集中在组培苗的材料，室外栽培和野生环境下的研究资料较少。不过，现有研究结果为推广石斛属植物的人工栽培、扩大种植规模和发展绿色产业提供了科学依据。在杯鞘石斛（*D. gratiosissimum*）组培苗人工栽培中，通过添加菌根真菌和细菌菌肥，找到了接种效果最好的菌根真菌，并发现施用细菌菌肥的短期效果较为显著（陈瑞蕊等，2005）。同样地，在铁皮石斛组培苗培育过程中，也发现了颇具实际运用价值的菌根真菌种类，为推动石斛产业发展提供了新线索（黎勇等，2011）。束花石斛共生真菌的菌根共生体有助于提高植株对磷、氮的吸收（Hajong *et al.*，2013）。同时，在燕麦培养基中添加了两种共生真菌菌株，明显促进了铁皮石斛的原球茎发育和幼苗生长（吴慧凤等，2012）。菌根真菌接种到华石斛（*D. sinense*）幼苗的实验结果表明，它们能不同程度地提高幼苗的成活率、促进幼苗根系生长、增加幼苗的光合性能、提高生物量（周玉杰等，2009）。

在菌根真菌的区系组成上，国内外鲜有相关研究报道，还处于初级阶段，这也意味着该领域仍有许多待开发的内容。我们知道不同植物的优势菌根真菌类群并不相同，但同种植物不同地理分布的菌根真菌是否存在差异，解决这些问题对于石斛属的保护和种植产业的发展都有重大意义。有研究选择了我国药典里石斛药材的4种基源植物（鼓槌石斛、流苏石斛、金钗石斛、铁皮石斛）为对象，探讨了它们的菌根真菌区系组成与宿主植物地理分布的相关性（马雪婷等，2015）。鼓槌石斛不同居群的菌根真菌区系组成差异明显，说明真菌的种类组成与物种的生态适应密切相关（马雪婷等，2015）。

基于兰科共生真菌研究发展的菌根技术在石斛属人工栽培产业已初有成效。其中，菌根菌剂较为突出，这是将菌根真菌的繁殖体（如孢子、菌丝）经过人工繁殖，加工配制形成具有一定形状和特性的商业产品（李明和张灼，2000）。目前，兰科菌根菌剂尚无成型的商品销售（柯海丽，2007）。有人研发了颗粒型石斛菌根复合菌剂，并明确了使用方法及保质期，在接种金钗石斛后能明显促进组培苗的干重、多糖和总生物碱含量的积累，表现出良好的应用潜力（应奇才等，2012）。总之，关于石斛菌根菌剂的研发主要以复合菌剂为主，如何保证菌剂的野

图1-8 人工繁育的勐海石斛*Dendrobium sinominutiflorum* 瓶苗（已开花）（摄影：罗艳）

外施用效果和保存方式，构建抗性强、品质高、使用便捷的高效菌剂，仍需深入研究。

（二）石斛属种子萌发研究进展

石斛属种子萌发研究多与菌根真菌相联系。如前所述，兰科共生真菌可以提供植物生长发育所需的物质元素，促进植物生长繁殖。已有大量研究表明，石斛属的种子萌发需要菌根真菌，后者对种子萌发具促进作用（郭双星等，1991；陈瑞蕊等，1999；金辉等，2007；吴慧凤等，2012）。

关于石斛属种子萌发的研究，集中在影响种子萌发的物质、种子无菌萌发的条件及萌发过程中功能基因的表达和调控机制等。研究表明，影响石斛属种子萌发的外源物质主要有壳聚糖（Kananont *et al.*，2010）、玉米素（ZT）和玉米素核苷（ZR）（张集慧等，1999）等物质。这些物质在种子萌发或植株生长过程中，或多或少都由真菌提供。其次，关于石斛属种子无菌萌发的研究，主要集中在培养基配方的改良（黄勇，2009），这不仅为人工栽培石斛产业提供种苗，也为石斛属野生种质资源的离体保存提供了基础。在种子萌发过程中，关于种子萌发过程涉及的功能基因的调控表达，研究资料较少（Zhao *et al.*，2013）。

因此，不断加强兰科共生真菌和种子萌发以及人工栽培技术的探索性研究，将为石斛属野生资源的保护和利用提供重要的科学支撑。

图1-9　人工繁育的铁皮石斛*Dendrobium officinale*（摄影：黄家林）

图1-10　人工繁育栽培的草石斛*Dendrobium compactum*（摄影：王晓云）

第六节　浅析中国石斛属野生资源保护和利用

（一）中国石斛属野生资源的保护地位

2021年10月中旬，《生物多样性公约》缔约方大会第十五次会议（简称COP15）在我国云南昆明举行。就在大会举办前的2021年9月7日，国家林业和草原局农业农村部颁布了《国家重点保护植物名录》公告（2021年第15号），备受社会各界关注。令人瞩目的是，中国石斛属的所有物种，除曲茎石斛（*D. flexicaule*）和霍山石斛（*D. huoshanense*）被列为一级重点保护植物外，其余物种均被列入二级保护植物名单。至此，中国野生石斛资源保护获得了正式的法律保障。

图1-11　濒临灭绝的铁皮石斛*Dendrobium officinale*

（二）中国石斛属植物用途及经济价值

众所周知，石斛是我国传统的中药材，具有悠久的利用历史，谓之"北有人参，南产枫斗"。石斛属植物具有圆柱形肉质茎秆，富含石斛多糖、石斛碱和多种氨基酸等有效药用成分，为传统药材石斛的药用部位。自古以来，药用石斛的茎秆晾晒后，经人工加工后制成螺旋状药材，俗称"枫斗"，为传统的名贵药材。由于传统药用的石斛种类的茎秆多金黄，较为显眼，有的则细长如草，故俗称"黄草""吊兰"和"千金草"等。近年来，随着现代制药技术的发展，药用石斛常被用于研制各种药品和保健品。此外，民间药用石斛由于具有滋阴补气之功效，被视为食药两用的保健品，人们常采集新鲜茎秆或花朵制作药膳或茶饮。目前，我国药用石斛植物有50多种，《中华人民共和国药典》收录了7种，包括铁皮石斛、金钗石斛、流苏石斛（又称马鞭石斛）、鼓槌石斛、霍山石斛、束花石斛（又名黄草）和美花石斛（*D. loddigesii*，又名环草石斛）等。其中，铁皮石斛是石斛药材种的名贵药品，历来享有"中华仙草之首"之美誉。

由于石斛属种类的花形独特，花色艳丽，花期较长，大部分物种都具有较高的园艺观赏价值。作为兰科最早用于园艺品种的兰花，石斛属的人工育种历史已有150年之久，并与万代兰、蝴蝶兰和文心兰等组成了世界园艺界的"四大洋兰"。石斛属在澳洲和东南亚地区都是传统的装饰植物，也是当地集市贸易常见的兰花商品。在我国西双版纳和德宏州等地民族植物传统文化中，金黄灿烂的鼓槌石斛和流苏石斛等的花朵，都是傣族人民喜

图1-12 石斛属间杂交新品种"黑金1号"
D. officinal × *D. nobile*（摄影：王晓云）

闻乐见的传统头花装饰或珍贵食材。长期以来，我国观赏石斛的选育和栽培技术相对滞后，市场上常见的观赏石斛种类大部分为国外品种，如春石斛和秋石斛等。近年来，我国一些石斛园艺种植公司企业也投身到品种选育，登记注册了一些具有知识产权的园艺品种，例如"黑金石斛"系列。该新品种以我国著名的两种药用石斛植物（金钗石斛和铁皮石斛）为杂交亲本及多倍体，表现出较强的杂交后代优势，具有生长旺盛、生长繁殖期缩短，植株大、生物产量高、花色变异多样，花朵繁多，花期长达8个月以上，还有一年四季都会开的个体。为筛选极具观赏价值的园艺品种和优质的药用石斛品种提供了可能。

（三）中国石斛属野生资源濒危的原因

长期以来，由于石斛属植物具有较高的药用和观赏价值，人们形成了直接采集野生资源的利用方式。随着人口的增加，有限的野生资源远远满足不了日益增长的市场需求。因此，人为过度采集直接影响了野生石斛种群的生长和扩大，大部分物种陷入了珍稀濒危的境地，而其中令人瞩目的就是药用价值较高的铁皮石斛和霍山石斛的野生资源几近绝迹。由于市场上存在着物种鉴定不清、鱼目混珠地替代利用的现象，大部分可以入药的石斛野生资源也面临着种群急剧减少，陷入濒危的境地，包括齿瓣石斛

（*D. devonianum*）、金钗石斛、鼓槌石斛、流苏石斛以及束花石斛等。同样值得关注的还有其他与石斛药材近似的野生兰花资源，如金石斛属、石豆兰属和贝母兰属（*Coelogyne*）等，它们也面临着"城门失火，殃及池鱼"的野生资源破坏现象。此外，这些被直接采集利用的野生珍稀濒危兰花资源，由于产品粗放简陋、市值波动较大，面临着随行就市的贱卖，或奇货可居的短暂高价，但更多的由于无人问津，被弃置一旁，作为杂草垃圾的落后利用方式。因此，政府相关部门有必要加强野生石斛资源保护，正确引导石斛属野生资源的保护和利用方式。

图1-13　2000年前后国内市场上常见的石斛野生资源

除了人为利用不当外，植物内在的生物学特性也是野生石斛资源分布和数量的主要限制因素，包括生境特殊、需要共生真菌促进种子萌发和幼苗生长、特殊的传粉机制和坐果结实率低、生长周期漫长等。首先，石斛属植物喜温暖、湿润而又透气的环境，多生在高温多湿的热带和亚热带森林，附着于乔木树干或岩石表面，靠发达的气生根或假鳞茎以及叶片等从周围环境里吸收水分、营养物质。

图1-14　热带雨林树干上的附生兰（包含大量石斛属植物）

这说明，完善而健康的森林生态系统是野生石斛属植物赖以生存的先决条件。其次，石斛属植物的种子萌发和幼苗及植株生长都离不开共生、内生真菌的存在。它们必须与周围环境中的某些真菌形成共生关系，才能完成长达3~5年以上的生活史。再次，石斛属植物开花时，由于花形独特，具有专一的传粉生物协助其完成异花授粉和双受精过程，才能正常开花结果，繁衍生息。因此，石斛属的生境较为特殊且脆弱，生长繁殖与周围环境密切相关，从种子萌发到幼苗生长以及开花结果的整个生活史较为漫长。这些都是野生石斛资源稀少的主要原因，成为开展保护生物学研究的重点内容。

（四）中国石斛属野生资源的保护现状

近几十年来，中国先后建立了国家级、省级和地方级自然保护区，为野生石斛的栖息地提供了保障。我国石斛属植物主要生长于南方热带和亚热带常绿阔叶林中，在云南省、广西壮族自治区、广东省等的国家级、省级和县级各个保护区中基本上都有自然分布，实现了就地保护。例如，云南省西双版纳地区记载有48种石斛属植物，在西双版纳国家级自然保护区和纳板河流域国家级自然保护区均有自然分布，得到了有效的就地保护。广西雅长兰科植物国家级自然保护区中自然分布9种石斛。基于此，自然保护区与相关科研部门积极合作，开展石斛属植物的就地和迁地保护工作。他们针对濒危石斛属物种，采集果实，应用组培技术繁育出具有遗传多样性的种苗。接着把人工繁育的种苗通过野生仿生种植，恢复和壮大当地石斛种群的数量，逐步实现就地保护工作。考虑到石斛属植物的就地和迁地保护工作中，其种子繁殖和种苗生长皆需要共生真菌提供营养，因此兰科保育专家研发出种子—真菌直播技术，极大促进了珍稀濒危石斛种类的野生种群的壮大。他们筛选分离出石斛属植物种子萌发的真菌，通过人工培养做成菌粉，混入适量石斛属植物种子，构成种子真菌混合物，装入纸袋后固定在原产地的树干上。这项人工繁育技术在金钗石斛、鼓槌石斛、铁皮石斛、齿瓣石斛等珍稀濒危物种里，已初露端倪，值得进一步推广。其中，在西双版纳地区实施的齿瓣石斛种子菌粉的直播回归试验获得开创性的成果。研究人员通过6年的时间，成功建成了一个约300株个体的齿瓣石斛人工种群。该种群目前不仅出现了开花结实的成年植株，其果实成熟后散落的种子也能自然发芽，为野生石斛种群的自然更新提供了新的契机。

图1-15 铁皮石斛*Dendrobium officinale*组培苗规模化大棚种植（摄影：黄家林）

图1-16 铁皮石斛*Dendrobium officinale*组培苗野外仿生栽培（摄影：黄家林）

同时，考虑到人们对野生石斛药材的消费需求习惯，我国石斛属药用植物的栽培种植方式发生了变化。在传统大棚栽培重视提高产量的基础上，新增了林下仿野生栽培方式，旨在提高产品质量，增加产品经济价值。仿野生栽培方式，指在适宜种植区，模仿野外生长环境，选择林下石头或树干为附生栽培基质，开展规模化人工种植。仿野生栽培方式大约出现在2003年，在贵州赤水地区的石斛药材种植户，开创性地选择丹霞地貌的林下石壁和树干为栽培材料，人工种植金钗石斛。截至2022年，该地区的仿野生栽培的金钗石斛种植面积约有10万亩（1亩≈667m²），拓宽了市场消费渠道，取得较好的经济效益，并被示范推广。在森林面积较为丰富的地区，种植栽培技术和推广种植规模较为突出。例如，云

南省龙陵县的林下仿野生铁皮石斛的推广种植面积较大，高达300多万公顷，形成了一定的产业规模。除了铁皮石斛外，当地的齿瓣石斛、密花石斛、流苏石斛、鼓槌石斛等种类的仿野生栽培技术和种植规模也得到相应发展，推动了当地的经济发展，产生了明显的社会影响力和经济效益。因此，随着人工种植技术的不断改进，我国野生石斛资源的保护压力将会得到有效缓解。同时，随着石斛药材栽培种植技术、石斛产品加工业等国家标准化的研制和实施，我国石斛产业将在品种选育和培育、精细化栽培、产品质量及经济价值提升、市场消费习惯培养等方面得到长足发展，为推动地方绿色经济支柱产业提供新渠道。

图1-17　石灰岩雨林野外回归的鼓槌石斛*Dendrobium chrysotoxum*（摄影：罗艳）

图1-18　人工栽培的束花石斛*Dendrobium chrysanthum*（摄影：黄家林）

第二章

石斛属的形态多样性

图2-1 杓唇石斛*Dendrobium moschatum*

第一节 石斛属植物形态专业术语

石斛属属于树兰亚科，具有该亚科普遍具有的生物学特性，包括附生习性、菌根、假鳞茎、花序、合蕊柱、花粉团、花药帽等。但合轴生长、萼囊、蕊柱足、蕊柱齿、4枚棒状花粉团，以及裸花粉团等特征，是石斛属所在的石斛亚族的分类学特征。其中，裸花粉团指无花粉团柄、黏盘和黏盘柄等花粉团附属结构的类型。本节中，笔者根据现有资料编写了石斛属具有重要分类学意义的形态特征专业术语，供参考。

①菌根（mycorrhiza）：指真菌菌丝组织进入兰科植物的根部组织，发育为内生菌根，构成共生关系。兰科植物的根系为内生真菌提供发育场所，真菌为植物生长提供营养。

②合轴生长（sympodial）：植株茎秆的生长是有限的，其生长是靠每年茎秆基部的侧芽生长为新侧轴（茎秆），如此连续不断，构成由不同新老交替的侧生（轴）茎秆形成的植株。有时侧芽出现在茎秆上部，构成高位侧芽，这在石斛属中较为典型。

③假鳞茎（pseudobulb）：指膨大呈不规则椭圆形、卵球形、纺锤形的茎节，通常位于靠近地面的基部，在不同的类群数目不定，有1~3枚或更多，从其上抽出叶片或萌出气生根或长出花序等，如石斛属、贝母兰属和石豆兰属等。

④花莛（scape）：指单花的花梗，或着生数朵花的花序轴，俗称"花箭"。

⑤花序（inflorescence）：指从茎秆上抽出来的由数朵花或数十朵花组成的集合。在石斛属中通常为总状花序（racemose），即花序轴不分枝，由下至上着生着不同数目的花朵。

⑥苞片（bract）：类似于叶片的结构，出现在花序轴基部的为总苞片（bract）；生长在花朵基部的为小苞片（bractlet）。

⑦萼片（sepal）：指花的最外一轮花被片，呈披针形，与内轮3枚花瓣互生。萼片有3枚，位于合蕊柱背后的一枚常直立，称为中萼片或背萼片（dorsal sepal），位于合蕊柱两侧的为侧萼片（lateral sepal）。

⑧花瓣（petal）：指花的内轮花被片，有3枚，其中位于合蕊柱两侧的与花萼形态颜色较为相似，称为侧花瓣，与合蕊柱和背萼片对生的花瓣形态、颜色变异显著，称为唇瓣（lip）。

⑨唇瓣（lip，labium）：又称唇盘，指3枚花瓣里的中央一枚，即与合蕊柱对生的花瓣发生了变异，形态大小和颜色均与其余2枚花瓣不同，有的出现了不同形态的脊状突起、胼胝体或不同类型的毛被特征。

⑩萼囊（mentum）：指两枚侧萼片基部愈合为不同长度的囊状结构，常与蕊柱足相连，多为长角状或短角状突起，部分物种延伸为细圆锥形的花距，如长距石斛（*D. longicornu*）。

⑪合蕊柱（column）：指由雌雄蕊融合而成的柱状结构，由1枚可育雄蕊和雌蕊的花柱和柱头愈合而成，呈扁平的短柱状结构。由上到下，分别由花药帽、花粉团、蕊喙、柱头腔和柱体（含花柱道）组成，主要见于树兰亚科的大部分成员，石斛属的较为典型。

⑫花药帽（anther cap，operculum）：指位于合蕊柱顶部的帽状结构，是由成熟花药开裂后残留下来的加厚型花药壁构成、保护成熟花粉团的结构。

⑬花粉团（pollinium, pl. pollinia）：指树兰亚科成熟花药开裂后，每一个花药室里，由成熟花粉粒凝聚呈致密坚固的棒状或球形结构，其数目和形态在不同的族或属间变化明显。石斛属有4枚棒状花粉团，无黏盘、黏盘柄或花粉团器附属结构。

⑭蕊喙（rostellum）：指位于花药和柱头腔间的舌状组织，由柱头中裂片发育而来，颜色、形态在树兰亚科的不同类群间变化明显。石斛属的蕊喙较为发达，常为白色、肉质、厚实的片状结构。

⑮蕊柱齿（column-tooth）：指位于花药帽两侧和背部，由合蕊柱顶部，即药床的位置延伸生长的宽三角形或呈尖锐细齿的结构，有的高于花药帽，有的则仅仅及花药帽基部。

⑯柱头腔（stigma cavity）：指合蕊柱上部，位于蕊喙下方，明显凹陷呈空腔的结构，内壁上分泌有不同的黏液，为柱头可受面，为承载花粉团，帮助花粉萌发的雌蕊结构。

⑰蕊柱足（column-foot）：指合蕊柱基部延伸生长的扁平状结构，有的与合蕊柱保持在一直线，有的与合蕊柱构成不同大小的钝角。

第二节　石斛属的根茎叶形态多样性

石斛属植物多为附生兰，在亚洲大陆为生长在热带雨林或亚热带常绿阔叶林的附生植物，具有发达的气生根可供附着在树干和石头上。同时，它们的根、茎、叶多肉质化，外被明显的角质层，具有保水耐旱的作用。石斛属植物具典型的合轴生长特性，叶片和花朵多从当年生新枝条萌出，而往年生的老枝茎秆宿存，为新枝提供营养。新旧茎秆枝条呈丛生状态，或长或短，下垂或直立生长。茎秆多圆柱形或扁三棱形，不分枝或少数分枝，具明显茎节，有时1至数个节间膨大呈纺锤状或茎节膨大呈球状、念珠状茎秆。叶互生，扁平披针形或圆柱状呈针叶形，先端不裂或2浅裂，基部有关节和通常具抱茎的鞘。（图2-2、图2-3）

石斛属植物为多年生附生草本，茎秆丛生，多不分枝，直立生长或下垂，具有明显的节，节间膨大呈各种形状，茎秆肉质或较硬（图2-2：2、3、6）。中国石斛属植物里，株形较大出现在顶叶组和石斛组，例如球花石斛（*D. thyrsiflorum*）、密花石斛、大苞鞘石斛（*D. wardianum*）、兜唇石斛（*D. aphyllum*）、束花石斛和杓唇石斛（*D. moschatum*）等，其茎秆可长达2m，总状花序长达1m以上，花冠径约5cm以上，花朵数目繁密（图2-4）。株形较小的见于草叶石斛组，呈草本状，但茎秆肉质粗壮，短小直立，如草石斛（*D. compactum*）和勐海石斛（*D. sinominutiflorum*）的植株形似小草，株高仅有20cm左右（图2-3：9）。分布于我国云南金沙江干热河谷的王亮石斛（*D. wangliangii*），其株形也较小，为茎节较短的匍匐小草本（图2-3：1）。

石斛属植物的茎秆多圆柱形、肉质，具明显的节和膜质鞘，如剑叶石斛（*D. spatella*）、长距石斛和杓唇扁石斛（*D. chrysocrepis*）等（图2-3：3~8）。然而，部分物种的茎秆形在物种间变化明显，具有较高的物种识别度（图2-2、图2-3）。例如，茎秆节间较长，基部和上部均为细长圆柱形，但中部隆起膨大为纺锤形，如基肿组的木石斛、景洪石斛（*D. exile*）和针叶石斛（*D. pseudotenellum*）等（图2-2：1、2）。有的茎秆肉质粗壮，茎节较长，中部茎秆膨大隆起，呈纺锤形，如鼓槌石斛和金钗石斛等（图2-2：3）。还有的茎秆节间较短，茎节膨大肿胀，呈串珠状，较为典型的有串珠石斛（*D. falconeri*）、肿节石斛（*D. pendulum*）、大苞鞘石斛和棒节石斛（*D. findlayanum*）等。其中，棒节石斛的茎节粗短且扁平，犹如蜂腰状，又称为蜂腰石斛。产自越南的越南扁石斛（*D. trantuanii*），其茎节短且肉质扁平较为突出（图2-2：5），在石斛属物种里也较为罕见。同时，有的茎秆细圆柱、质地较硬，具有光泽，叶片薄纸质，禾草状，如竹叶组的竹枝石斛（*D. salaccense*）。多数石斛的茎秆为圆形，光滑，但有的具有黑毛，出现在黑毛组，如长距石斛（图2-3：5），有的植株茎秆和叶片均被白色长柔毛，如绒毛石斛（图2-2：7）。此外，石斛属的茎秆多为通直的圆柱形，但曲茎石斛的茎秆表现为回折状弯曲（图2-3：2），具槽石斛的茎秆具不同深浅沟槽（图2-2：6）；分布于印度和马来西亚半岛的四角石斛（*D. farmeri*）的茎秆膨大呈方柱形。诸如此类，这些物种因其茎秆的特殊性而得名，具较高的物种识别度。

石斛属植物的叶片大部分光滑无毛，扁平或呈圆柱形，基部有关节或具有抱茎的叶鞘（图2-2、图2-3）。但产于中南半岛的绒毛石斛在属内较为独特，其根、茎、叶等部位均密被白色长绒毛（图2-2：7）。叶片形态、质地和毛被特征在种间差异明显，是石斛属分组的依据之一。例如，我国现有的石斛属物种，根据茎、叶、花等分类学特征，分组后，形成了叶形差异明显的组合。叶片和茎秆均具黑毛的黑毛组，如长距石斛（图2-3：5）。叶基部不下延伸成叶鞘的顶叶组，如鼓槌石斛（图2-2：3）。植株矮小但叶鞘发达的草叶组，如草石斛和勐海石斛（图2-3：9）。叶紧密互生，叶鞘基部心形的心叶组，见于反瓣石斛（*D. ellipsophyllum*）。叶片长披针形像禾草叶片一样的禾叶组，如竹枝石斛。叶片半圆柱形或钻状圆柱形的圆柱叶组的海南石斛（*D. hainanense*）（图2-3：8）。叶片肉质，两侧压扁呈短剑状，常紧密套叠成2列着生于茎秆上的剑叶组，如刀叶石斛（*D. terminale*）（图2-2：4）。此外，基肿组成员中有具有细圆柱的针状叶的针叶石斛（图2-2：1）。

第三节　石斛属的花形态多样性

大多数石斛属植物的花大、色艳，多为直立、斜出或下垂的总状花序，生于茎秆的中部以上，具少数至多数花，部分退化为单花。花两侧对称，花色变化多样。3枚萼片和两枚侧花瓣的形态、颜色较为相似，独中央的一枚花瓣特化为形态和颜色截然不同的唇瓣。两枚侧萼片基部愈合为囊状萼囊，短的似角状，长的为花距状，与蕊柱足相连。唇瓣形态各异，有的为圆形，有的为卵状披针形，有的全缘，有的3裂，有的具不同形态的齿状绒毛，有的具长流苏状柔毛。石斛属的花多具观赏和食用价值，有芳香者可提炼精油，并具有吸引蜜蜂的传粉综合征。（图2-2~图2-7）

石斛属植物的合蕊柱由一枚可育雄蕊和雌蕊的花柱和柱头愈合而成，从上到下分别为花药帽、花粉团、蕊喙、柱头腔、合蕊柱体（含花柱道）和蕊柱足（图2-8）。合蕊柱顶部在花药帽两侧及背部均有或宽或短的三角形蕊柱齿。花药帽呈长球形或半球形盔帽状，平整或具槽，边缘整齐或具绒毛。花粉团均为4枚，蜡质金黄，长短大小不一，花粉团外壁蜡质纹饰在种间差异显著。柱头腔呈凹陷的空腔，内壁有分泌细胞分泌出的黏液物质，帮助花粉萌发。合蕊柱多扁宽形，半圆柱状，背面圆柱形，正面近平整，与蕊柱足形态较为相似。

中国石斛属资源里，具有药用价值可以作为石斛药材的种类通常为茎秆细长、花朵细小、花为白色或绿黄色的种类，包括细茎石斛、铁皮石斛、梳唇石斛（*D. strongylanthum*）、美花石斛、钩状石斛（*D. aduncum*）、霍山石斛等。同时，在我国具有观赏价值的种类多为植株高大、花序密集、花形硕

大、花色鲜艳的类群，包括花色艳丽、花朵密集的鼓槌石斛、束花石斛、兜唇石斛、大苞鞘石斛等。此外，具有香味、可以开发为香精香料植物资源的物种有紫瓣石斛、球花石斛、密花石斛等。

关于石斛属花形态特征多样性及分类学意义的理解，本节结合现有资料和实践经验，挑选了部分物种为研究对象，比较了它们的花序类型、唇瓣变异、合蕊柱结构等差异，为该属的物种鉴定和分类学提供新资料。具体表现在以下方面。

（一）花序和花色多样性

石斛属的总状花序变化明显，着生在茎秆以上的节处，花有少数至多数，稀为单花，从叶腋或叶片脱落后茎节处抽出。花有大有小，花色有黄色、粉色、白色、红色或橙色等。最大的花出现在顶叶组和石斛组，如密花石斛、球花石斛、鼓槌石斛、大苞鞘石斛、杓唇石斛等。最小的花见于草叶组，如勐海石斛。（图2-2~图2-4）

根据花色，可以把石斛属物种分为黄花、粉花、白花和红花等四类色系。既可供物种鉴定，又能为园艺品种筛选提供依据。黄色系和粉色系较为常见，前者见于小黄花石斛、聚石斛、短棒石斛、线叶石斛（D. chryseum），后者见于兜唇石斛、报春石斛（D. polyanthum）、玫瑰石斛、杯鞘石斛等。白色系花较少，如高山石斛（D. wattii）等。人工栽培条件下，也会出现一些花色变异为纯白的个体，如紫瓣石斛、兜唇石斛和广东石斛（D. wilsonii）等。红色系或橙色系较为少见，如红花石斛（D. goldschmidtianum）、红鸽子石斛（D. faciferum）、红牙刷石斛等。黄绿色偏少，如铁皮石斛、草石斛和勐海石斛等。（图2-2~图2-7）

（二）花萼和花瓣多样性

石斛属的花均由外轮花萼、内轮花瓣和中央的合蕊柱组成，呈两侧对称（图2-5~图2-7）。大部分石斛属植物的花萼和侧花瓣多为披针形，水平舒展，但有一些物种的花萼和侧花瓣反卷，如反瓣石斛；有的则扭曲为波浪状，如分布于马来西亚半岛和印度北部的扭瓣石斛（D. tortile）和原产于新几内亚等地的羚羊角石斛（D. stratiotes）。

石斛属的花萼和侧花瓣的形态颜色较为相似，几乎等大或同型，但两枚侧花萼构成的萼囊大小和唇瓣色特征在种间差异明显，具有重要的分类学意义。

两枚侧花萼的基部愈合为明显的囊状或角状，与蕊柱足基部愈合。萼囊形态大小在种间差异明显，大部分萼囊突起较小，呈短角状，如顶叶组的聚石斛、小黄花石斛、鼓槌石斛和球花石斛（图2-5：7~10）和石斛组的兜唇石斛（图2-6：4）、玫瑰石斛和美花石斛等。有的萼囊突起较为明显，略阔，呈长角状，见于基肿组的木石斛和景洪石斛（图2-7：7、8）；剑叶组的剑叶石斛和刀叶石斛以及圆柱叶组的海南石斛（图2-7：9~11）；黑毛组的黑毛石斛（D. williamsonii）等。有的萼囊延伸呈管状，状如花距，如黑毛组的长距石斛和高山石斛等（图2-5：5、6）。也有的萼囊突起不明显，呈半开合状态，如草叶组的草石斛、勐海石斛、梳唇石斛和单葶草石斛（D. porphyrochilum）等（图2-7：1~4）。在距囊组，萼囊长筒状，如红花石斛（图2-5：11）。

唇瓣形态在石斛属种间变化明显，多为圆盘形，边缘光滑全缘或3裂，或具齿，或具流苏或具绒毛等。例如，唇瓣内卷呈拖鞋状、囊状或舟状的，各出现在杓唇扁石斛（图2-3：6）、杓唇石斛和曲茎石斛（图2-6：9、10）。唇瓣平整呈圆形，边缘具流苏的有长距石斛（图2-5：5）、苏瓣石斛（D. harveyanum）（图2-6：7）、长苏石斛（D. brymerianum）（图2-3：7）、美花石斛（图2-4：1）、金耳石斛（D. hookerianum）和齿瓣石斛等。不过，复式长流苏出现在长苏石斛；花瓣和唇瓣均有流苏的见于苏瓣石斛；仅唇瓣边缘或长或短的绒毛状流苏的，则出现在金耳石斛、鼓槌石斛、聚石斛、小黄花石斛等。唇瓣三浅裂，出现在黑毛组（图2-5：1~6）。其中，唇瓣表面光滑如蜡质的为翅梗石斛；唇瓣表面具长柔毛的有黑毛石斛和翅萼石斛（*D. cariniferum*），唇瓣上有明显隆起的肉质脊状突起的为华石斛和喉红石斛（*D. christyanum*）等。此外，值得一提的是，石斛属有一类物种的唇瓣特化为狭舟状，且先端锐尖，出现在唇瓣双层的重唇石斛（*D. hercoglossum*），唇瓣先端锐尖较长的钩状石斛（图2-5：12）和尖唇石斛（*D. linguella*）等。

（三）合蕊柱结构多样性

石斛属具有树兰亚科典型的合蕊柱，即由一枚可育雄蕊和雌蕊愈合而成的柱状结构，由上至下分为花药帽、花粉团、蕊喙、柱头腔、合蕊柱体和蕊柱足。蕊柱足发达，通常在顶端有空腔或浅凹区域。花药为一对侧生花药室；花药帽盔状，外壁光滑或具长或短的乳突。花粉团多蜡质金黄色、白色、棕色、略带紫色，呈长棒状，4枚花粉团近等长，两两成对紧密黏合，4枚并排，无花粉团柄或黏盘柄等附属结构。本属多无黏盘，但在存在黏盘的种中，黏盘的形状是不固定的，替代（或附加于）蕊喙黏液在蕊喙外形成"弥散状黏液"。柱头在蕊柱腹面凹陷，有时凸起呈愈伤组织状。蕊喙发达或极少退化，有时2裂，通常肿胀形成含有黏液的结构，常为白色不透明的，有的是透明或会迅速干燥成柔软的油灰状物质的紫色液体。同时，合蕊柱顶部组织继续延伸生长，成为蕊柱明显的附属结构，即两枚侧蕊柱齿和一枚背蕊柱齿，紧贴花药帽的两侧和背部。有的蕊柱齿高于花药帽，有的则等高，有的则仅及合蕊柱的三分之一长（图2-8）。

根据合蕊柱和蕊柱足的长度变化，可以把挑选出来的具有代表性的16种石斛属植物的合蕊柱分为四类。第一类为蕊柱足几乎无，且合蕊柱粗短，见于铁皮石斛、澳洲石斛（*D. kingianum*）、具槽石斛和反瓣石斛（图2-8：1~4）；第二类为蕊柱足和合蕊柱均等长，短粗状，出现在重唇石斛、粉红灯笼石斛（*D. amabile*）、球花石斛和密花石斛（图2-8：5~8）；第三类为蕊柱足较长，合蕊柱较短，两者的长度比值约为2，见于聚石斛、大苞鞘石斛、齿瓣石斛和金钗石斛、血喉石斛（*D. ochraceum*）、美花石斛、尖刀唇石斛（*D. heterocarpum*）和景洪石斛（图2-8：9~15）；第四类为蕊柱足超长，合蕊较短，两者的长度比值为3~5，出现在景洪石斛（图2-8：16）。

此外，16种石斛属植物的合蕊柱，其顶部的花药帽、蕊柱齿、柱头腔以及蕊柱足底部的空腔等在形态、颜色、大小方面差异显著（图2-8），值得进一步研究。

图2-2　7种石斛属植物的植株形态

1.针叶石斛（*D. pseudotenellum*），示多年生草本，叶肉质直立，纤细近圆柱状；2.木石斛（*D. crumenatum*），示茎秆基部膨大呈纺锤形；3.鼓槌石斛（*D. chrysotoxum*），示茎秆中部膨大呈纺锤形，叶片长披针形，总状花序腋生；4.刀叶石斛（*D. terminale*），示附生，叶肉质两列并排着生，叶片压扁呈匕首状；5.越南扁石斛（*D. trantuanii*），示茎秆肉质，节间较短，叶鞘发达，叶革质，花序1~2朵腋生；6.具槽石斛（*D. sulcatum*），完整植株，示须根、假鳞茎、革质叶，腋生总状花序；7.绒毛石斛（*D. senile*），示附生草本，茎叶密被白色长绒毛。

图2-3 9种石斛属植物的植株形态

1.王亮石斛（*D. wangliangii*），示矮小附生草本，茎秆极短，叶稀疏；2.曲茎石斛（*D. flexicaule*），示茎秆具节且弯曲；3.广东石斛（*D. wilsonii*），示茎秆不分枝；4.剑叶石斛（*D. spatella*），示茎秆具节且细，近木质化，肉质叶片扁平；5.长距石斛（*D. longicornu*），示肉质茎秆具节，密被黑色髯毛；6.杓唇扁石斛（*D. chrysocrepis*），示花朵唇瓣特化为拖鞋状；7.长苏石斛（*D. brymeriaum*），示唇瓣边缘具长流苏；8.海南石斛（*D. hainanense*），示圆柱形叶；9.草石斛（*D. compactum*），示多年生小草本，肉质茎秆短，不分枝。

图2-4 7种石斛属植物的花序

1.美花石斛（*D. loddigesii*）；2.滇桂石斛（*D. scoriarum*）；3.聚石斛（*D. lindleyi*）；4.密花石斛（*D. densiflorum*）；5.报春石斛（*D. polyanthum*）；6.兜唇石斛（*D. aphyllum*）；7.喇叭唇石斛（*D. lituiflorum*）。

图2-5 12种石斛属植物的花形态

花形态的正面（a）示花形和唇瓣特征；侧面（b）示萼囊和子房形态

1~6.唇瓣3裂或边缘具浅裂（黑毛组）：1.翅萼石斛（*D. cariniferum*）；2.华石斛（*D. sinense*）；3.黑毛石斛（*D. williamsonii*）；4.翅梗石斛（*D. trigonopus*）；5.长距石斛（*D. longicornu*）；6.高山石斛（*D. wattii*）。7~10.唇瓣近圆形，光滑或具绒毛，全缘或细裂（顶叶组）：7.聚石斛（*D. lindleyi*）；8.小黄花石斛（*D. jenkinsii*）；9.鼓槌石斛（*D. chrysotoxum*）；10.球花石斛（*D. thyrsiflorum*）。11.红花石斛（*D. goldschmidtianum*），花为罕见的紫红色；12.钩状石斛（*D. aduncum*），唇瓣特化为舟状，前端锐尖，萼囊宽厚。

图2-6　12种石斛属植物（石斛组）的花形态

花形态的正面（a）示花形和唇瓣特征；侧面（b）示萼囊和子房形态

1～7.唇瓣近圆形：1.大苞鞘石斛（*D. wardianum*），示唇盘具一对褐色斑块；2.晶帽石斛（*D. crystallinum*），示唇盘具一枚完整和黄色圆斑；3.齿瓣石斛（*D. devonianum*），示瓣边缘流苏；4.兜唇石斛（*D. aphyllum*），示唇瓣表面具绒毛；5.束花石斛（*D. chrysanthum*），示唇瓣边缘具短流苏；6.流苏石斛（*D. fimbriatum*），示唇边缘具分叉长流苏；7.苏瓣石斛（*D. harveyanum*），示唇瓣和花瓣边缘均具长流苏。8.线叶石斛（*D. chryseum*），唇瓣三浅裂，表面密布短绒毛。9～10.唇瓣特化为阔囊状（杓唇石斛*D. moschatum*）或舟状（曲茎石斛*D. flexicaule*）。11～12.唇瓣不明显3裂，先端急尖，或反折（尖刀唇石斛*D. heterocarpum*）或平直（铁皮石斛*D. officinale*）。

图2-7　12种石斛属植物的花形态

花形态的正面（a）示意花形和唇瓣特征；侧面（b）示意萼囊和子房形态

1~4.草叶组：1.草石斛（*D. compactum*）；2.勐海石斛（*D. sinominutiflorum*）；3.梳唇石斛（*D. strongylanthum*）；4.单莲草石斛（*D. porphyrochilum*）。5.心叶组：反瓣石斛（*D. ellipsophyllum*）。6.叉唇组：叉唇石斛（*D. stuposum*）。7~8.基肿组：7.木石斛（*D. crumenatum*）；8.景洪石斛（*D. exile*）。9~10.剑叶组：9.剑叶石斛（*D. spatella*）；10.刀叶石斛（*D. terminale*）。11.圆柱叶组：海南石斛（*D. hainanense*）。12.禾叶组：竹枝石斛（*D. salaccense*）。

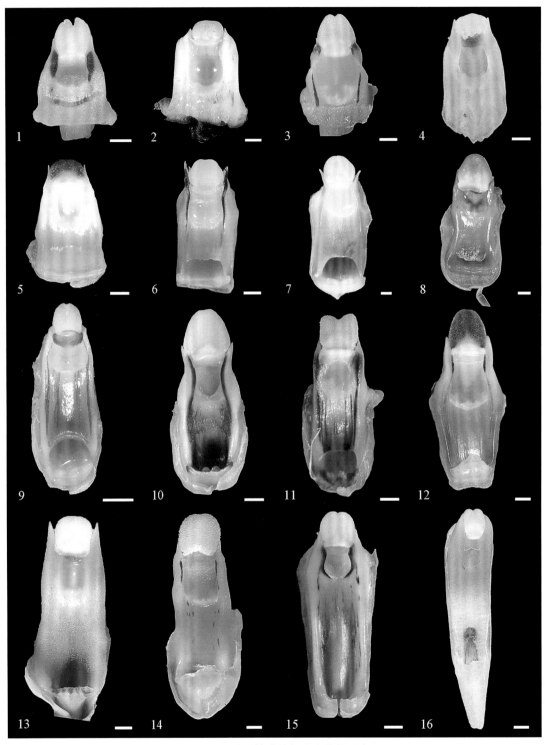

图2-8　16种石斛属植物的合蕊柱形态

1～4.示花药帽柱头腔形态多样，合蕊柱较短，蕊柱足几乎无：1.铁皮石斛（*D. officinale*）；2.澳洲石斛（*D. kingianum*）；3.具槽石斛（*D. sulcatum*）；4.反瓣石斛（*D. ellipsophyllum*）。5～8.蕊柱足较短：5.重唇石斛（*D. hercoglossum*）；6.粉红灯笼石斛（*D. amabile*）；7.球花石斛（*D. thyrsiflorum*）；8.密花石斛（*D. densiflorum*）。9～12：蕊柱足较长：9.聚石斛（*D. lindleyi*）；10.大苞鞘石斛（*D. wardianum*）；11.齿瓣石斛（*D. devonianum*）；12.金钗石斛（*D. nobile*）。13.血喉石斛（*D. ochraceum*）；14.美花石斛（*D. loddigesii*）；15.尖刀唇石斛（*D. heterocarpum*）；16.合蕊柱较短，蕊柱足超长，景洪石斛（*D. exile*）。比例尺＝1mm。

第四节　石斛属的花药帽形态多样性

花药帽（anther cap，operculum）是大部分兰科特有的发达合蕊柱顶部成熟花药的结构之一，是指合蕊柱顶端花药外部的帽状组织，包被着花药室和花粉团的附属结构（陈心启等，2009），普遍见于树兰亚科。花药帽的形态、大小、颜色和质地在兰科不同分类群间形态变异较大，具有重要的分类学意义（吉占和等，1999；Zhu *et al.*，2009）。例如，球花石斛曾被作为密花石斛的异名，但两者的唇瓣颜色差异明显，花药帽超微形态特征不同，因此支持它们为两个独立的物种。曲茎石斛作为新种发表时，与近似种细茎石斛的鉴别特征也包括了花药帽形态。最近发表的新种景华石斛（*D. jinghuanum*）和3个近似种的显著差别在于花药帽外壁的乳突类型，作为新种独立的证据之一。此外，花药帽特征为药用石斛资源保护和利用提供了重要的物种鉴定依据。根据花药帽特征，在安徽地区广泛利用的霍山石斛药材的原料植物包含了3种石斛，即铁皮石斛、霍山石斛和黄花石斛（*D. dixanthum*）。近来，重新修订的中药材石斛原料植物的新分类单位：细茎复合体（*D. moniliforme* complex），关键分类特征之一就是半球形的花药帽。

关于兰科花药帽的形态和超微形态的研究不多，仅分散见于树兰亚科的树兰族（Tribe Epidendreae）（Valencia-Nieto *et al.*，2015、2018）和石斛族的石豆兰属（Nunes *et al.*，2015）及石斛属部分物种。同样地，尽管目前石斛属的花药帽形态和超微特征的研究资料只零星见于物种鉴定和新种描述（吉占和，1989、1995），但蕴含着重要的分类学意义和实际运用价值。最近的研究利用显微镜和扫描电镜观察了中国9种石斛属植物的花药帽形态和超微特征（王艳萍等，2021），比较分析认为：花药帽的颜色、形态、大小和外壁纹饰特征在种间差异明显。按颜色，可分为黄药帽、白药帽、紫药帽；按极轴和赤道轴比值，分长球形和半球形。扫描电镜下，花药帽外壁纹饰有4种类型：扁平－光滑、扁平－条纹、乳突－条纹和乳突－光滑。结果表明：①石斛组是一个多系和并系；②球花石斛和密花石斛是一对近似种；③杯鞘石斛、大苞鞘石斛和喇叭唇石斛（*D. lituiflorum*）具有较近的亲缘关系。

本节选择了30种石斛属植物的花药帽，利用体式解剖镜，观察记录它们在颜色、大小、形态和外壁特征，比较种间的异同，探讨其分类学意义，体现在以下五个方面。

第一，花药帽颜色在种间差异明显，可分为三类：黄花药帽、白花药帽和紫花药帽（图2-9～图2-11）。黄花药帽有10种石斛：束花石斛、细叶石斛（*D. hancockii*）、短棒石斛、翅梗石斛、线叶石斛、红花石斛、鼓槌石斛、密花石斛、藏南石斛（*D. monticola*）、黄花石斛。白花药帽见于10种石斛：球花石斛、广东石斛、叉唇石斛（*D. stuposum*）、高山石斛、翅萼石斛、长距石斛、细茎石斛、杯鞘石斛、大苞鞘石斛、晶帽石斛（*D. crystallinum*）。其中3种石斛花药帽呈乳白色，为广东石斛（图2-10：2）、叉唇石斛（图2-10：3）、高山石斛（图2-10：4）。10种石斛为紫花药帽：白血红色石斛、杓唇石斛、重唇石斛、桑德石斛、喇叭唇石斛、紫瓣石斛、金钗石斛、滇桂石斛、尖唇石斛、钩状石斛。其中，白血红色石斛夹杂黄色（图2-11：1），尖唇石斛（图2-11：9）、钩状石斛（图2-11：10）为紫红色。其余药帽呈紫色，边缘夹杂白色。

第二，花药帽形态、大小在种间差异明显，根据极轴长度（单位：mm），30种石斛的花药帽可分为三类：大型（极轴≥4.00）、中型（4.00＞极轴≥2.00）和小型（2.00＞极轴＞0）。大型花药帽出现

在3种石斛：翅萼石斛（图2-10：5）、大苞鞘石斛（图2-10：9）、滇桂石斛（图2-11：9）。小型花药帽出现在3种石斛：藏南石斛（图2-9：9）、广东石斛（图2-10：2）、细茎石斛（图2-10：7）。其余皆为中型花药帽。

第三，花药帽形态多样，根据极轴和赤道轴的比值大小（$R = P/E$），花药帽可分为两类：长球形和半球形。比值（R）>1.10的为长球形，1.10≥R>0为半球形。长球形花药帽出现在17种石斛：黄色花药帽的束花石斛、细叶石斛、短棒石斛、翅梗石斛、线叶石斛、红花石斛（图2-9：1~6）；白色花药帽中的叉唇石斛、高山石斛、翅萼石斛（图2-10：3~5），以及杯鞘石斛、大苞鞘石斛、晶帽石斛（图2-10：8~10）；紫色花药帽中的桑德石斛、喇叭唇石斛、紫瓣石斛、金钗石斛、滇桂石斛（图2-11：4~8）。其余13种为半球形花药帽。

第四，就花药帽的正面和背面的外形轮廓而言，在不同的种间也有区别。例如，有的长球形花药帽的顶部突起明显，呈三角形，如束花石斛、细叶石斛和短棒石斛（图2-9：1~3）。线叶石斛（图2-9：5）和黄花石斛（图2-9：10）的花药帽较为特别，其正面顶部不平整，边缘具粗齿状缺刻。晶帽石斛（图2-10：10）表面密布肉眼可见的白色晶状体乳突。滇桂石斛、尖唇石斛（图2-11：8、9）顶端深2裂。其余物种的花药帽顶部轮廓多为圆弧形。同时，花药帽正面和背面也并非全都光滑平整，均具有不同程度凸起的带状脊和凹陷的沟槽。如束花石斛、细叶石斛（图2-9：1、2）和黄花石斛（图2-9：10）正面明显具有隆起的宽带状脊，花药帽背部或多或少具有不同形状的凹陷沟槽。沟槽浅但最长，几乎贯穿花药背部的有9种：束花石斛（图2-9：1）、短棒石斛（图2-9：2）、线叶石斛（图2-9：5）、鼓槌石斛（图2-9：7）、黄花石斛（图2-9：10）、球花石斛（图2-10：1）、高山石斛（图2-10：4）、翅萼石斛（图2-10：5）和杯鞘石斛（图2-10：8）。据观察，花药帽背部的沟槽是合蕊柱上的背蕊柱齿紧靠花药帽形成的。从细叶石斛花药帽内壁，可见花粉团散粉后，开裂的花药室残留下来的花药壁痕迹，从而可以看出两个药室彼此独立，但连在一起，如细叶石斛（图2-9：2）；但也有药室两者不相连的，如短棒石斛（图2-9：3）、广东石斛（图2-10：2）、重唇石斛（图2-11：3）和钩状石斛（图2-11：10）；而有的石斛两个药室相互贯通，彼此不分离，为鼓槌石斛（图2-9：7）。

第五，解剖镜下，花药帽外壁的乳突特征在种间差异明显。有的物种整个药帽具明显乳突：细茎石斛、杯鞘石斛、大苞鞘石斛、晶帽石斛（图2-10：7~10）、重唇石斛（图2-11：3）、尖唇石斛（图2-11：9）、钩状石斛（图2-11：10）。而有的乳突仅见于药帽正面底部：红花石斛（图2-9：6）、高山石斛和翅萼石斛（图2-10：4、5）。

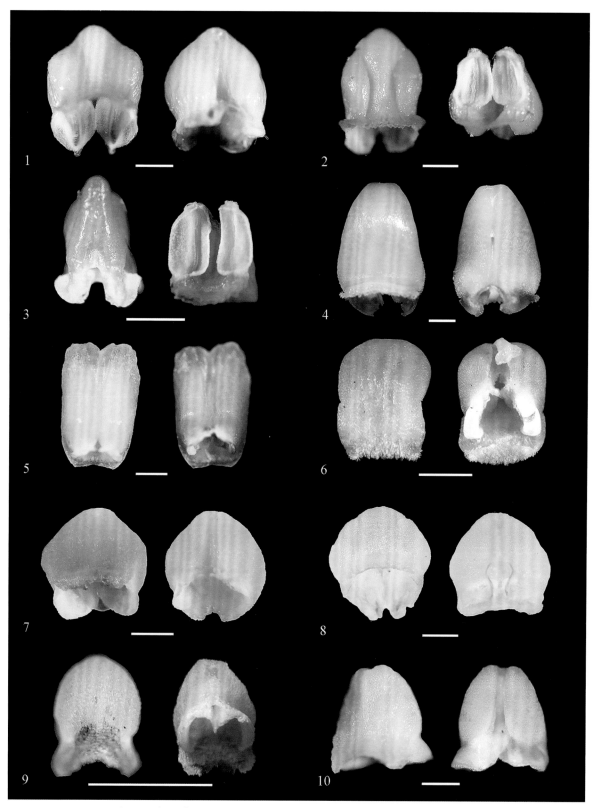

图2-9　解剖镜下10种石斛植物的黄花药帽形态（左—正面，右—背面）

1.束花石斛（*D. chrysanthum*）；2.细叶石斛（*D. hancockii*）；3.短棒石斛（*D. capillipes*）；4.翅梗石斛（*D. trigonopus*）；5.线叶石斛（*D. chryseum*）；6.红花石斛（*D. goldschmidtianum*）；7.鼓槌石斛（*D. chrysotoxum*）；8.密花石斛（*D. densiflorum*）；9.藏南石斛（*D. monticola*）；10.黄花石斛（*D. dixanthum*）。比例尺＝1mm。

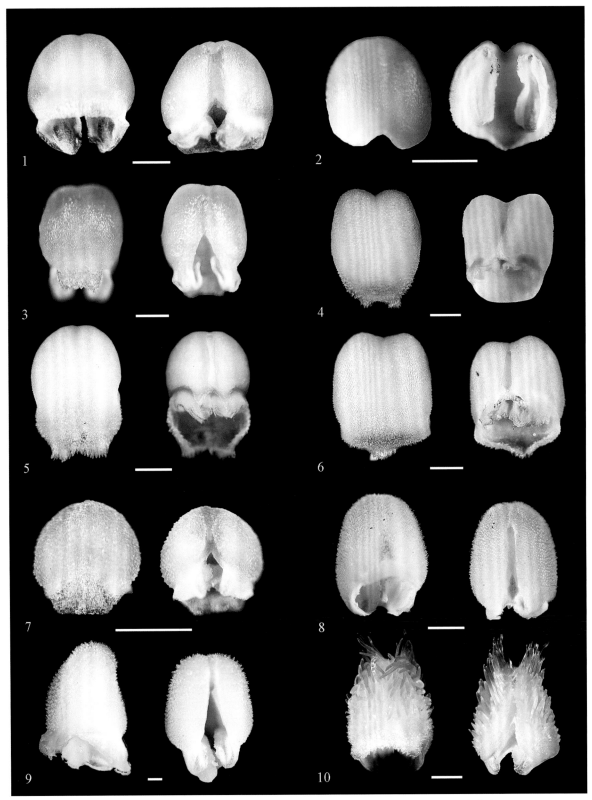

图2-10　解剖镜下10种石斛植物的白花药帽形态（左—正面，右—背面/底部）

1.球花石斛（*D. thyrsiflorum*）；2.广东石斛（*D. wilsonii*）；3.叉唇石斛（*D. stuposum*）；4.高山石斛（*D. wattii*）；5.翅萼石斛（*D. cariniferum*）；6.长距石斛（*D. longicornu*）；7.细茎石斛（*D. moniliforme*）；8.杯鞘石斛（*D. gratiosissimum*）；9.大苞鞘石斛（*D. wardianum*）；10.晶帽石斛（*D. crystallinum*）。比例尺＝1mm。

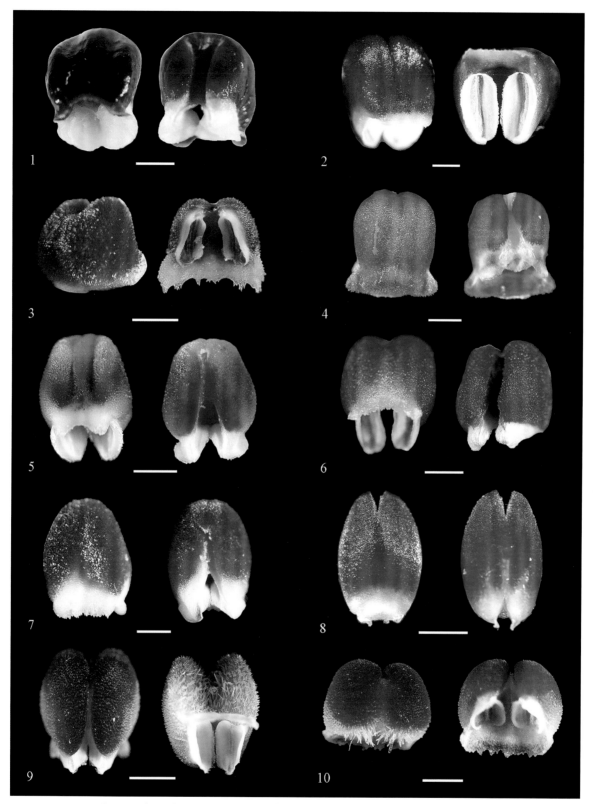

图2-11　解剖镜下10种石斛植物的紫花药帽形态（左—正面，右—背部/底部）

1.白血红色石斛（*D. albosanguineum*）；2.杓唇石斛（*D. moschatum*）；3.重唇石斛（*D. hercoglossum*）；4.桑德石斛（*D. sanderae*）；5.喇叭唇石斛（*D. lituiflorum*）；6.紫瓣石斛（*D. parishii*）；7.金钗石斛（*D. nobile*）；8.滇桂石斛（*D. scoriarum*）；9.尖唇石斛（*D. linguella*）；10.钩状石斛（*D. aduncum*）。比例尺=1mm。

第五节　石斛属的花粉团形态多样性

已有研究表明，兰科花粉表面纹饰特征在不同类群中变化明显，具有重要的系统分类学意义。杓兰亚科（Subfam. Cypripedioideae）的成熟花粉为黏性的单粒花粉散粉，其花粉表面纹饰以光滑型或光滑不平整型为主。鸟巢兰族（Trib. Neottieae）散粉时为单粒或四合花粉形式，花粉表面纹饰以粗网纹状为主。南美分布的树兰亚科的一个亚族（Subtrib. Pleurothallidinae）的21个属的花粉团表面纹饰以光滑型为主，带有不同程度的颗粒状突起、穴状凹陷等分化不明显的特征。相应地，我国兰科花粉形态学的研究资料很少，仅见于少数的兰属、手参属和杓兰属等。

石斛属有4枚蜡质花粉团，两两成对，并列成排，基本轮廓呈心形。关于石斛属花粉形态研究，国内外报道不多，包括印度产的18种石斛和我国传统药材铁皮石斛。近来，有研究选择了13种中国产的石斛和1种来自越南的石斛为研究对象，通过解剖镜和扫描电镜，观察它们的花粉团形态和花粉团表面超微结构特征。这14种石斛属植物的花粉团，表面金黄油亮呈蜡质，质地坚硬。根据每种石斛的4枚花粉团的总体轮廓形态和大小，可将它们分为3种形态（心形、近心形和长心形）和4种类型（极小花粉团、小花粉团、大花粉团和超大花粉团）。根据单枚花粉团边界轮廓的曲直，可将其分为4种类型（月牙形、弓形、棍状和米粒形）。扫描电镜下，14种石斛的花粉团表面纹饰类型有5种（光滑平整型、光滑带丝状突起型、光滑不平整型、粗网纹状型和皱波状型），在广东石斛和球花石斛观察到晶体的存在。花粉团的形态、大小和外壁纹饰特征在种间变化明显，对澄清石斛属的分类学问题有一定意义。

本节选择40种石斛属植物的新鲜成熟花粉团在解剖镜下观察，发现它们的4枚花粉团多为金黄蜡质，呈长心形或近心形（图2-12、图2-13），但红花石斛的为白色蜡质，呈长心形（图2-13：20）。

根据花粉团极轴和赤道轴的长度比值范围（$R = P/E$），把40种石斛花粉团形态分为3种：心形（heart-shaped）、近心形（nearlyheart-shaped）和长心形（longheart-shaped）。

第一类，心形：花粉团极轴和赤道轴的比值范围在0.90~1.00之间，整枚花粉无论正面、背面都呈典型的心形。见于鼓槌石斛、束花石斛、短棒石斛、细茎石斛、翅梗石斛、滇桂石斛、大苞鞘石斛、铁皮石斛、金耳石斛、齿瓣石斛、尖刀唇石斛、扭瓣石斛（图2-12：1~12）等12种石斛。

第二类，近心形：花粉团极轴和赤道轴的比值范围在1.01~1.20之间，整枚花粉团轮廓基本呈心形。见于金钗石斛、木石斛、尖唇石斛、重唇石斛、细叶石斛、钩状石斛、聚石斛、黄花石斛（图2-12：13~20）以及矩唇石斛（D. linawianum）、叉唇石斛、草石斛、梳唇石斛、勐海石斛、杯鞘石斛、紫婉石斛（D. transparens）（图2-13：13~19）等15种石斛。

第三类，长心形：花粉团极轴和赤道轴的比值≥1.20，整体看上去呈拉长的心形。见于翅萼石斛、黑毛石斛、华石斛、矮石斛（D. bellatulum）、高山石斛、球花石斛、密花石斛、澳洲石斛、感通石斛（D. kontumense）、血喉石斛、景洪石斛、藏南石斛（图2-13：1~12）及红花石斛（图2-13：20）等13种石斛。其中，黑毛组的翅萼石斛、黑毛石斛、华石斛、矮石斛、高山石斛花粉团相似，都为蜡质，长条状。

此外，40种石斛花粉团中，草石斛组的花粉团都较小，极轴长度在0.10~1.00mm之间，勐海石斛的花粉团最小（图2-13：17）。超大花粉团（极轴长度在2.01~4.00mm之间）见于大苞鞘石斛、翅梗石斛、球花石斛、翅萼石斛、高山石斛和晶帽石斛等6种石斛，其中翅萼石斛的花粉团最大（图2-13：1）。

杯鞘石斛与紫婉石斛的花粉团背面具晶状体（图2-13：18~19）。

综上所述，花粉团形态、大小、颜色和质地等特征在石斛属种间差异显著，值得广泛取样，进一步利用扫描电镜深入比较分析种间的花粉外壁纹饰特征，为该属的物种鉴定和分类学提供花粉形态证据。

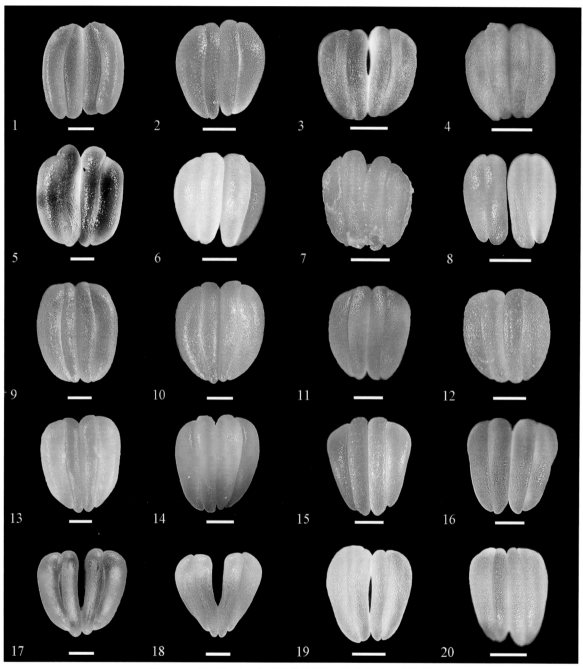

图2-12 解剖镜下20种石斛属植物的4枚花粉团形态轮廓

1.鼓槌石斛（*D. chrysotoxum*）；2.束花石斛（*D. chrysanthum*）；3.短棒石斛（*D. capillipes*）；4.细茎石斛（*D. moniliforme*）；5.翅梗石斛（*D. trigonopus*）；6.滇桂石斛（*D. scoriarum*）；7.大苞鞘石斛（*D. wardianum*）；8.铁皮石斛（*D. officinale*）；9.金耳石斛（*D. hookerianum*）；10.齿瓣石斛（*D. devonianum*）；11.尖刀唇石斛（*D. heterocarpum*）；12.扭瓣石斛（*D. tortile*）；13.金钗石斛（*D. nobile*）；14.木石斛（*D. crumenatum*）；15.尖唇石斛（*D. linguella*）；16.重唇石斛（*D. hercoglossum*）；17.细叶石斛（*D. hancockii*）；18.钩状石斛（*D. aduncum*）；19.聚石斛（*D. lindleyi*）；20.黄花石斛（*D. dixanthum*）。比例尺＝500μm。

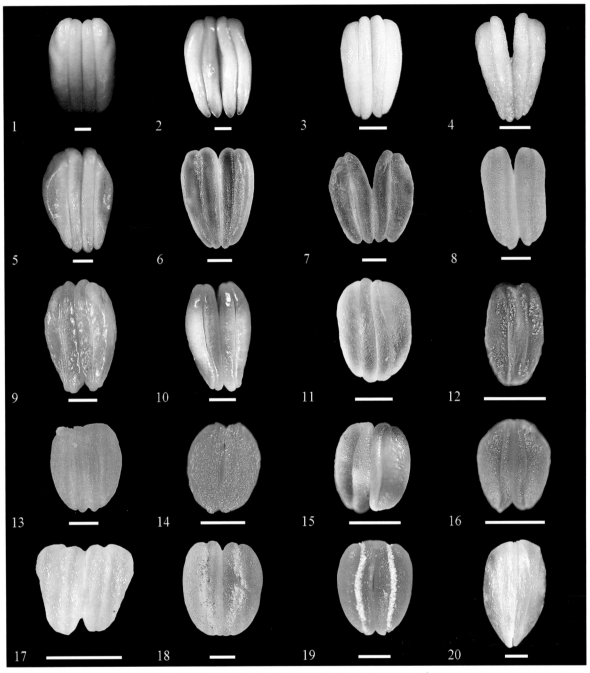

图2-13　解剖镜下20种石斛植物的4枚花粉团形态轮廓

1.翅萼石斛（*D. cariniferum*）；2.黑毛石斛（*D. williamsonii*）；3.华石斛（*D. sinense*）；4.矮石斛（*D. bellatulum*）；5.高山石斛（*D. wattii*）；6.球花石斛（*D. thyrsiflorum*）；7.密花石斛（*D. densiflorum*）；8.澳洲石斛（*D. kingianum*）；9.玫香石斛（*D. roseiodorum*）；10.血喉石斛（*D. ochraceum*）；11.景洪石斛（*D. exile*）；12.藏南石斛（*D. monticola*）；13.距唇石斛（*D. linawianum*）；14.叉唇石斛（*D. stuposum*）；15.草石斛（*D. compactum*）；16.梳唇石斛（*D. strongylanthum*）；17.勐海石斛（*D. sinominutiflorum*）；18.杯鞘石斛（*D. gratiosissimum*）；19.紫婉石斛（*D. transparens*）；20.红花石斛（*D. goldschmidtianum*），示白色花粉团。比例尺＝500μm。

第三章

中国石斛属植物的花形态

1999年的《中国植物志》（第19卷）记载了我国石斛属有74种2变种，可划分为12组。 2009年的英文版《中国植物志》（Flora of China）（第25卷）记录了该属有78种14组，其中新增2组，共包含14个中国特有种。2019年出版的《中国野生兰科植物原色图鉴》记载了国产石斛属（广义）110种，包括石斛属（狭义）植物90余种。本章选择了中国有分布的73种石斛属（狭义）植物，分别隶属于12组，分组记录了每种植物的基本信息和花形态特征。

中国石斛属分组检索表（吉占和等，1999）

1.叶和叶鞘被黑毛。···黑毛组Sect. *Formosae*

1.叶和叶鞘无毛。···（2）

2.叶基部不下延为抱茎的鞘。··································顶叶组Sect. *Chrysotoxae*

2.叶基部下延为抱茎的鞘。··（3）

3.茎肉质或稍肉质，上下一致的圆柱形或近中部的少数节间肿大呈纺锤形，干后常具纵条棱。······
··（4）

3.茎质地坚硬的细圆柱形或扁圆柱形，光滑，干后具光泽。·····················（9）

4.花具狭长的萼囊，唇瓣具狭长的爪。··················距囊组Sect. *Pedilonum*

4.花具宽短的萼囊，唇瓣无爪或很短的小爪。·································（5）

5.唇瓣舟状，明显比萼片和花瓣小。··················瘦轴组Sect. *Breviflores*

5.唇瓣不为舟状。···（6）

6.植株矮小，茎被偏鼓状的叶鞘所包。··················草叶组Sect. *Stachyobium*

6.植物体较大，抱茎的叶鞘不为偏鼓状。·································（7）

7.叶紧密互生，基部心形抱茎。·····················心叶组Sect. *Distichophyllum*

7.叶疏离互生，基部不为心形。···（8）

8.花序轴和花序柄细而柔弱；花小，萼片长不及1cm，唇瓣前端明显3裂，仅前端边缘密生长绵毛。···叉唇组Sect. *Stuposa*

8.花序轴和花序柄常较粗壮，但决不柔弱；花大，萼片长1cm以上，唇瓣不裂或不明显3裂，全缘，不整齐或具流苏。·····································石斛组Sect. *Dendrobium*

9.茎在基部上方的少数节间肿大呈纺锤形。··················基肿组Sect. *Crumenata*

9.茎上下一致的圆柱形或扁圆柱形。···（10）

10.叶正常，具上下表面，似禾草状，革质或薄革质。··········禾叶组Sect. *Grastidium*

10.叶非正常，无上下面之别，厚肉质。···（11）

11.叶两侧压扁呈短剑状，基部较宽，套叠。··················剑叶组Sect. *Aporum*

11.叶圆柱形或半圆柱形。··································圆柱叶组Sect. *Strongyle*

一、黑毛组 Sect. *Formosae*（Benth. et Hook. f.）Hook. f.

茎稍肉质，长或短，圆柱形或有时纺锤形。叶片和叶鞘被黑色毛，老时毛脱落；萼囊角状或狭圆锥形；唇瓣3裂，全缘或有齿或具流苏。中国有8种，本书收录8种，根据形态特征，编制以下分种检索表。

黑 毛 组 的 分 种 检 索 表

1.萼囊短，基部不延伸为距，呈短角状。…………………………………………（2）

1.萼囊长，基部延伸为距。……………………………………………………………（5）

2.花质地厚；花梗和子房具三纵棱。………………………………6.翅梗石斛*D. trigonopus*

2.花质地薄；花梗和子房无明显纵棱。………………………………………………（3）

3.唇瓣裂片金黄，边缘不平整；花药帽鲜黄。………………………1.矮石斛*D. bellatulum*

3.唇瓣裂片白色，边缘平整；花药帽白色。…………………………………………（4）

4.唇盘中央具明显的5条纵棱脊。……………………………………5.华石斛*D.sinense*

4.唇盘中央近光滑无明显脊状隆起。…………………………………3.喉红石斛*D. christyanum*

5.唇瓣无流苏。………………………………………………………7.高山石斛*D. wattii*

5.唇瓣具流苏。………………………………………………………………………（6）

6.花距细长；唇瓣边缘具齿状流苏；花药帽底部具短绒毛。………4.长距石斛*D. longicornu*

6.花距较粗；唇盘具浓密流苏；花药帽底部具长绒毛。……………………………（7）

7.花距稍弯曲，花瓣比花萼较宽，花药帽白色。……………………2.翅萼石斛*D. cariniferum*

7.花距常通直，花瓣与花萼近等宽，花药帽黄色。…………………8.黑毛石斛*D. williamsonii*

1. 矮石斛 *Dendrobium bellatulum* Rolfe

别名：小美石斛。

植株形态：附生兰，茎直立，不分枝，短粗呈纺锤形或短棒状，长2~5cm，具波状纵条棱，节间较短，不及1cm。叶片顶生，革质，舌形，小且少，2~4枚，顶端钝且不等侧2裂，基部下延为抱茎的鞘；叶面和叶鞘均密被黑短毛，幼嫩时最明显。总状花序出自茎上端，具1~3朵花，具3~4枚短鞘，苞片膜质。（图3-1A）

花形态解剖特征：花朵两侧对称，舒展，较大，径5~6cm。花色艳丽，红黄白相间，花萼和花瓣白色，唇瓣侧裂片橘红色，中裂片金黄色（图3-1B：1、2）。中萼片直立，先端锐尖，呈长三角线；两侧萼片宽披针形，先端向后反卷，基部稍靠合，构成一个开口较深的宽锥形萼囊，劲直，与子房呈近直角生长。侧花瓣与萼片近等大，狭卵状长圆形。唇瓣宽，呈提琴状，3浅裂；侧裂片橘红色，近半圆形，直立，微内拢，微靠合蕊柱；中裂片近圆形，先端2裂，向下反折，黄色或淡黄色，边缘不平整，波浪状起伏（图3-1B：1、2）。合蕊柱较短，黄色，长约5mm；蕊柱齿三角形。蕊柱足宽，较长，内部红色，两侧浅黄色（图3-1B：6、7）。花粉团蜡质，金黄色，4枚，单花粉团长条形（图3-1B：8）。花药帽与合蕊柱同为黄色，半盔形，背面具一道深沟槽，内部花药壁残留明显（图3-1B：9、10）。

地理分布：生于海拔1 250~2 100m的山地疏林中树干上。国外分布于印度东北部、缅甸、泰国、老挝、越南。模式标本采自云南（蒙自）。

花期：4—6月。

近似种：与本种十分相似的喉红石斛（*D. christyanum*），其唇瓣的中裂片不下弯，花的颜色除唇盘中部黄色和两侧裂片的中央橘红色外，均为白色。

图3-1A　矮石斛*Dendrobium bellatulum*

图3-1B　矮石斛*Dendrobium bellatulum*花形态解剖特征

1~3.花的正面（1）、侧面（2）和背面（3）；4.唇瓣；5.唇瓣去掉后的花；6~7.合蕊柱的侧面（6）和正面（7）；8.4枚花粉团；9~10.药帽的正面（9）、背面（10）。缩写：a=花药；c=合蕊柱；cf=蕊柱足；ct=蕊柱齿；ds=中萼片；lip=唇瓣；ls=侧萼片；m=萼囊；o=子房；pe=花瓣；st=柱头腔。

2. 翅萼石斛 *Dendrobium cariniferum* Rchb. f.

　　植株形态：茎肉质状粗厚，圆柱形或有时膨大呈纺锤形，干后金黄色。叶革质，数枚，2列，长圆形或舌状长圆形，先端钝并且稍不等侧2裂，基部下延为抱茎的鞘，下面和叶鞘密被黑色粗毛。总状花序出自近茎端，常具1～2朵花；花序柄基部被3～4枚鞘；花梗和子房等长；子房黄绿色，三棱形。（图3-2A）

图3-2A　翅萼石斛*Dendrobium cariniferum*

　　花形态解剖特征：花开展，径约5cm，花萼和花瓣质地厚，浅黄色。中萼片与侧萼片近等大，卵状披针形，先端急尖；萼囊淡黄色带橘红色，呈长角状，近先端处稍弯曲；花瓣阔卵状披针形，先端锐尖（图3-2B：1、2）；唇瓣橘红色，3裂，侧裂片围抱合蕊柱，呈喇叭形；中裂片近横长圆形，先端凹，前端边缘具不整齐的缺刻；唇盘橘红色，沿脉上密生粗短的流苏（图3-2B：2）。合蕊柱白色，蕊柱足浅带橘色，蕊柱齿3枚，柱头腔阔，径约1mm；蕊喙发达，肉质厚实呈片状（图3-2B：3、4）。花粉团长棒状，蜡质金黄色，4枚并列呈近长方形（图3-2B：5）。花药帽白色，长盔帽形，前端边缘密生长绒毛，药帽内具明显黄色花药壁残留（图3-2B：6～8）。

　　地理分布：产于云南南部至西南部（勐腊、景洪、勐海、镇康、沧源）。生于海拔1 100～1 700m的山地林中树干上。国外分布于印度东北部、缅甸、泰国、老挝、越南。模式标本采自印度东北部。

　　物候期：花期3—4月。

　　近似种：本种在花形和花色上与黑毛石斛*D. williamsonii*较相似，但后者的萼片背面中脉突起不呈翅状。

图3-2B 翅萼石斛*Dendrobium cariniferum*花形态解剖特征

1～2.花的正面（1）和侧面（2）；3.合蕊柱的正面；4.合蕊柱的正面，示花药帽打开；5.花粉团；6～8.花药帽的正面（6）、背面（7）和内部（8）。缩写：a＝花药；ac＝药帽；aw＝花药壁；c＝合蕊柱；ct＝蕊柱齿；ds＝中萼片；lip＝唇瓣；ls＝侧萼片；m＝萼囊；p＝花粉团；pe＝花瓣；st＝柱头腔。

3. 喉红石斛 *Dendrobium christyanum* Rchb. f.

别名：毛鞘石斛。

植株形态：附生兰，茎粗短，为纺锤形或短棒状。叶近顶生，2~4枚，革质，长圆形，先端钝且不等侧2裂，基部下延为抱茎鞘，叶片和叶鞘均密被黑色短毛，幼嫩时明显。总状花序顶生或近茎的顶端发出。（图3-3A）

图3-3A　喉红石斛*Dendrobium christyanum*

花形态解剖特征：花开展，脉络突出且清晰，除唇瓣内部带有橘红色外，其余部位均为白色。中萼片卵状披针形，先端急尖；侧萼片斜卵状披针形，先端急尖；萼囊宽圆锥形；花瓣倒卵形，等长于中萼片而较宽；唇瓣近提琴形，3裂；侧裂片近半卵形；中裂片近肾形，下弯，先端浅2裂（图3-3B：1、2、6）。合蕊柱白色、短，蕊柱齿三角形；蕊柱足扁平，前端渐宽，深橘红色，明显长于合蕊柱（图3-3B：3、4）。花药帽半长圆形盔帽状，上下端截平，上端浅裂，下端具短绒毛；正面平整无沟槽，背面深裂，外部密被细颗粒状乳突（图3-3B：7、8）。花粉团蜡质金黄，单枚花粉团长棒状；4枚花粉团呈长心形，长约2mm。（图3-3B：9）

地理分布：产于云南，生于海拔850m左右的山地林缘树干上。国外分布于印度、泰国、缅甸及越南。

物候期：花期4—6月。

用途：观赏和药用。

近似种：本种与华石斛*D. sinense*高度相似，有学者把后者处理为该种的异名。但后者的唇盘上的肉质脊状突起不明显。关于这两个种的分类学问题值得进一步研究。

图3-3B 喉红石斛*Dendrobium christyanum*花形态解剖特征

1~2.花的正面（1）和侧面（2）；3~4.合蕊柱正面（3）和侧面（4），示蕊柱足末端扁平有肉质隆起；5.合蕊柱上部，示蕊柱齿、花药帽和柱头腔；6.唇瓣放大，示光滑脊状隆起不明显；7~8.花药帽的正面（7）和背面（8）；9.4枚花粉团正面呈长心形。缩写：a＝花药；aw＝花药壁；c＝合蕊柱；cf＝蕊柱足；ct＝蕊柱齿；ds＝中萼片；lip＝唇瓣；ls＝侧萼片；m＝萼囊；o＝子房；pe＝花瓣；st＝柱头腔。

4. 长距石斛 *Dendrobium longicornu* Lindl.

别名：长角石斛。

植株形态：茎丛生，质地稍硬，圆柱形，具多个节，节间长2~4cm。叶薄革质，狭披针形，基部下延为抱茎的鞘，被黑褐色粗毛。总状花序具1~3朵花；花序柄基部被鞘；花苞片背面被黑褐色毛。（图3-4A）

花形态解剖特征：花开展，除唇盘中央橘黄色外，其余为白色。萼片背面中肋稍隆起呈龙骨状，萼囊狭长，劲直，呈长圆锥形，形似花距，短于花梗和子房，长约1cm；花瓣长圆形或披针形，边缘具细齿；唇瓣近倒卵形或菱形，前端近3裂；侧裂片围抱蕊柱，中裂片先端浅2裂，边缘具波状皱褶和不整齐的齿，有时呈流苏状；唇盘沿脉纹密被短而肥的流苏，中央具3~4条纵贯的龙骨脊（图3-4B：1、2）。蕊柱长约5mm，蕊柱齿三角形，蕊柱足红色（图3-4B：3~5）。花粉团蜡质金黄，4枚，长条形，并列成排（图3-4B：6、7）。花药帽近扁圆锥形，前端边缘密生髯毛，顶端近截形，药帽背面中央凹陷，药帽内壁有黄色花药壁残留（图3-4B：8~10）。

地理分布：产于广西南部（上思）、云南东南部至西北部（西畴、屏边、保山、贡山、镇康、龙陵、腾冲、大理）、西藏东南部（墨脱）。生于海拔1 200~2 500m的山地林中树干上。国外分布于尼泊尔、不丹、印度东北部、越南。模式标本采自尼泊尔。

物候期：花期9—11月。

用途：药用，也可观赏。

近似种：本种在花色形态上与华石斛*D. sinense*相似，但后者的萼囊较短，不形成长距。

图3-4A　长距石斛*Dendrobium longicornu*

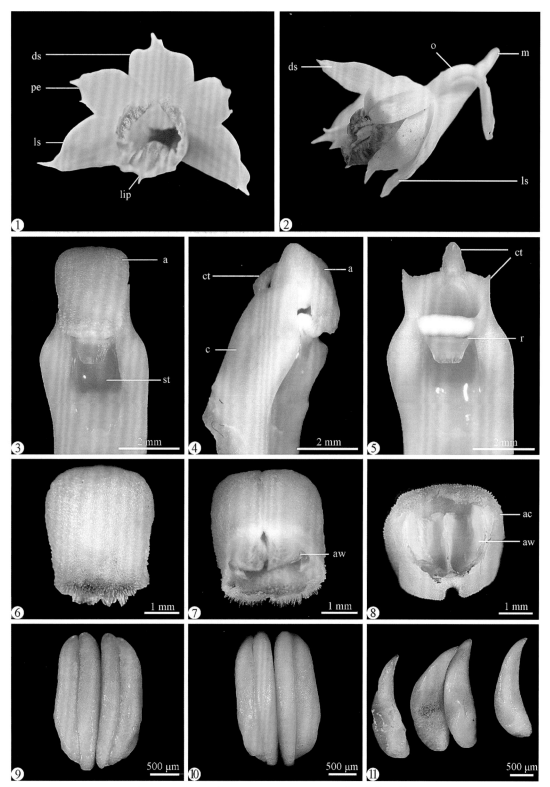

图3-4B　长距石斛*Dendrobium longicornu*花形态解剖特征

1～2.花的正面（1）和侧面（2）；3～5.合蕊柱的正面（3）、侧面（4）和背面（5）；6～8.花药帽的正面（6）、
背面（7）和内部（8）；9～11.花粉团的正面（9）、背面（10）和4枚花粉团（11）。缩写：a＝花药；ac＝药帽；
aw＝花药壁；c＝合蕊柱；ct＝蕊柱齿；ds＝中萼片；lip＝唇瓣；ls＝侧萼片；m＝萼囊；o＝子房；pe＝花瓣；r＝蕊
喙；st＝柱头腔。

5. 华石斛 *Dendrobium sinense* Tang & F. T. Wang

植株形态：华石斛茎直立或弧形弯曲而上举，细圆柱形，偶尔上部膨大呈棒状，不分枝，具多个节。叶数枚，2列，常互生，卵状长圆形，先端钝并且不等侧2裂，基部下延为抱茎的鞘，幼时两面被黑色毛，老时毛常脱落；叶鞘被黑色粗毛，幼时尤甚。（图3-5A）

图3-5A　华石斛*Dendrboum sinense*

花形态解剖特征：花单生于具叶的茎上端，除唇盘为橘红色外，其余皆为白色（图3-5A）。萼片和花瓣近等长，前者为狭卵状披针形，先端急尖；后者近长椭圆形，先端较钝；唇瓣倒卵形，3浅裂；侧裂片近扇形，围抱蕊柱；中裂片扁圆形，先端浅2裂，唇盘具5条纵向红色褶片，呈鸡冠状（图3-5B：1、6）。合蕊柱白色，长约5mm；蕊柱齿大，三角形，蕊柱足长，近端白色，远端橙红色（图3-5B：3～5）。花药帽半圆形盔状，顶端浅2裂，被细乳突，药帽背部中央凹陷，药帽内具黄色花药壁残迹（图3-5B：7、8）。花粉团长棒状，4枚（图3-5B：9）。

地理分布：中国特有种；产于海南（保亭、乐东、白沙、琼中）。生于海拔1 000m的山地疏林中树干上。

物候期：花期8—12月。

用途：药用兼观赏。本种仅分布于我国海南岛，育种优势明显，值得重视。

近似种：该种花形和花色与喉红石斛*D. christyanum*相近，有学者处理为后者的异名。但后者的唇盘仅有3条褶状突起，侧合蕊柱齿高于花，花药帽长盔形等特征，均区别于该种。

图3-5B　华石斛*Dendrboum sinense*花形态解剖特征

1~2.花的正面（1）和侧面（2）；3~4.合蕊柱的正面（3）和侧面（4）；5.合蕊柱正面上部放大，示柱头腔和蕊柱
齿；6.唇瓣放大；7~8.花药帽的正面（7）和背部（8）；9.花粉团的背面。缩写：a＝花药；c＝合蕊柱；cf＝蕊柱
足；ct＝蕊柱齿；ds＝中萼片；lip＝唇瓣；ls＝侧萼片；m＝萼囊；o＝子房；pe＝花瓣；st＝柱头腔。

6. 翅梗石斛 *Dendrobium trigonopus* Rchb. f.

植株形态：茎丛生，肉质状粗厚，呈纺锤形或有时棒状，不分枝，具3～5节，节间长约2cm，干后金黄色。叶厚革质，3～4枚近顶生，长圆形，先端锐尖，基部具抱茎的短鞘，在上面中肋凹下，在背面的脉上被稀疏的黑色粗毛。总状花序出自具叶的茎中部或近顶端，常具2朵花，花序柄长1～4cm；花苞片肉质，卵状三角形，先端锐尖；花梗和子房黄绿色，子房三棱形。（图3-6A）

图3-6A　翅梗石斛*Dendrobium trigonopus*

花形态解剖特征：花金黄色，质地厚，除唇盘稍带浅绿色外，均为蜡黄色。中萼片和侧萼片近相似，狭披针形，先端急尖，中部以上两侧边缘上举，在背面中肋隆起呈翅状，侧萼片的基部仅部分着生在蕊柱足上，萼囊近球形；唇瓣直立，与蕊柱近平行，3裂。侧裂片围抱蕊柱，近倒卵形，先端圆形，上部边缘具细齿；中裂片近圆形，比两侧裂片先端之间的宽小（图3-6B：1、2）。合蕊柱和蕊柱足皆黄绿色，蕊柱齿短于花药帽；蕊喙发达，近白色透明，向下反卷（图3-6B：3～5）。花粉团4枚，长棒状，黄色且略透明（图3-6B：6）。药帽长圆锥形，光滑，底部边缘呈梳毛状，药帽背部中下部分中央凹陷呈细沟状（图3-6B：7～9）。

地理分布：产于云南南部至东南部（勐海、思茅、墨江至宁洱、石屏）。生于海拔1 150～1 600m的山地林中树干上。缅甸、泰国、老挝也有分布。

物候期：花期3—4月。

用途：观赏兼药用。本种花色花形独特，有碧玉厚实之感，为优质的园艺育种资源。

近似种：本种近似于绒毛石斛*D. senile*，但后者的茎秆和叶片密被绒毛，唇瓣3裂和子房3棱不明显。

图3-6B 翅梗石斛*Dendrobium trigonopus*花形态解剖特征

1～2.花的正面（1）和侧面（2）；3～5.合蕊柱的正面（3）、侧面（4）和背面（5）；6.花粉团；7～9.药帽的正面（7）、背面（8）和内面（9）。缩写：a=花药；aw=花药壁；c=合蕊柱；cf=蕊柱足；ct=蕊柱齿；ds=中萼片；lip=唇瓣；ls=侧萼片；m=萼囊；o=子房；pe=花瓣；r=蕊喙；st=柱头腔。

7. 高山石斛 *Dendrobium wattii*（Hook. f.）Rchb. f.

别名：瓦特石斛。

植株形态：茎质地坚硬，圆柱形，上下等粗，不分枝，具多个节，有纵条棱。叶数枚至10余枚，2列互生于中部以上的茎上，革质，长圆形，先端钝并且稍不等侧2裂，基部下延为抱茎的鞘，幼时在下面被黑色硬毛，叶鞘亦密被黑色硬毛。总状花序出自具叶的茎顶端，具1～2朵花；花序柄短，基部被3～4枚、宽卵形的鞘；花苞卵状三角形，先端锐尖，下面密被黑色硬毛；花梗和子房等长。（图3-7A）

图3-7A　高山石斛*Dendrobium wattii*

花形态解剖特征：花除唇盘基部橘红色外，均为白色，开展。中萼片长圆形，先端急尖。侧萼片斜披针形，上侧边缘与中萼片等长，下侧先端急尖，萼囊呈角状；花瓣倒卵形，先端圆钝并且具短尖；唇瓣3裂，侧裂片倒卵形，围抱蕊柱，前端边缘稍波状，中裂片近圆形，比两侧裂片先端之间的宽小得多，先端具短尖，边缘具不整齐的锯齿（图3-7B：1）。合蕊柱和蕊柱足白色，两侧蕊柱齿发达，呈宽三角形，几与花药帽等高，背蕊柱齿较窄，呈狭长三角形，紧贴于花药帽背面；柱头腔近长方形，蕊喙明显（图3-7B：2～4）。花药帽白色，呈长半球形盔帽状，上下两端近截平，上端有浅缺刻，下部具白色短绒毛，外壁光滑（图3-7B：5、6）。花粉团蜡质金黄色，长棒状，4枚花粉团轮廓近长圆形。（图3-7B：7、8）。

地理分布：产于云南南部。生于海拔约2 000m的密林中树干上。国外分布于印度东北部、缅甸、泰国、老挝。模式标本采自缅甸。

物候期：花期8—11月。

用途：药用兼观赏。本种在栽培条件下出现了唇瓣形态特征多样的变异植株个体，值得关注。

近似种：本种近似于漏斗石斛*D. infundibulum*，区别在于后者的唇瓣中裂片圆形，带浅裂齿，花药帽前端收狭呈锐三角，蕊柱齿钝。

图3-7B　高山石斛*Dendrobium wattii*花形态解剖特征

1.花的正面；2～4.合蕊柱的正面（2、3）和侧面（4）；5～6.花药帽的正面（5）和背面（6）；7～8.花粉团的正面（7）和背面（8）。缩写：a＝花药；ac＝药帽；aw＝花药壁；c＝合蕊柱；cf＝蕊柱足；ct＝蕊柱齿；ds＝中萼片；lip＝唇瓣；ls＝侧萼片；p＝花粉团；pe＝花瓣；r＝蕊喙；st＝柱头腔。

8. 黑毛石斛 *Dendrobium williamsonii* Day & Rchb. f.

植株形态：茎圆柱形，不分枝，有时肿大呈纺锤形，具数节，节间短2～3cm，干后金黄色。叶常互生，基部下延为抱茎的叶鞘，密被黑色粗毛。总状花序出自具叶的茎端，具1～2朵花，花序柄具鞘。（图3-8A）

图3-8A　黑毛石斛*Dendrobium williamsonii*

花形态解剖特征：花开展，花萼和花瓣淡黄色或白色，相似，近等大，狭卵状长圆形。中萼片背由中肋具狭翅；萼囊劲直，角状（图3-8B：3、4）。唇瓣淡黄色或白色，带橘红色的唇盘，3裂；侧裂片围抱蕊柱，近倒卵形，前端边缘稍波状；中裂片近圆形或宽椭圆形，先端锐尖，边缘波状；唇盘沿脉纹疏生粗短的流苏（图3-8B：1、2）。蕊柱长约6mm，具蕊柱齿，蕊柱足淡红色（图3-8B：5）。花粉团4枚，黄色，长棒状（图3-8B：8）。花药帽浅黄色，半盔形，底部边缘密生短髯毛，背部中央具凹陷长沟（图3-8B：6、7）。

地理分布：产于海南（五指山等地）、广西西北部和北部（凌云、隆林、融水、东兰）、云南东南部和西部。生于海拔约1 000m的林中树干上。印度东北部、缅甸、越南也有。模式标本采自印度东北部。

物候期：花期4—5月。

近似种：本种近似于翅萼石斛*D. cariniferum*，但后者的子房绿色、明显3棱，花药帽黄色、长盔形。

图3-8B　黑毛石斛Dendrobium williamsonii花形态解剖特征

1～2.花的正面；3～4.花的极面（3）和底面（4）；5.合蕊柱的正面；6～7.带花粉团药帽的背面（6）和侧面（7）；8.4枚花粉团的正面与背面。缩写：a＝花药；ac＝药帽；ds＝中萼片；lip＝唇瓣；ls＝侧萼片；m＝萼囊；o＝子房；p＝花粉团；pe＝花瓣；st＝柱头腔。

二、顶叶组 Sect. *Chrysotoxae* Kraenzl.

茎通常粗壮，扁棒状或纺锤形，少有圆柱形，具纵条棱或棱角。叶集生在茎端，叶片基部不下延为包裹节间的鞘。花序下垂，出自接近茎顶端的叶腋；花黄色或白色带黄色，绝不带绿色。我国有6种，本书收录6种，根据形态特征，编制以下组内分种检索表。

顶 叶 组 分 种 检 索 表

1.茎假鳞茎状，两侧压扁，密集或丛生。 …………………………………………………（2）

1.茎圆柱状、棒状或纺锤形。 …………………………………………………………………（3）

2.总状花序短于或约等长于茎，仅1~3朵花。 …………………………11.小黄花石斛*D. jenkinsii*

2.花序长于茎，疏生数朵至10余朵花。 ……………………………………12.聚石斛*D. lindleyi*

3.唇瓣基部围抱合蕊柱呈兜被状。 ………………………………………13.具槽石斛*D. sulcatum*

3.唇瓣基部围抱合蕊柱不呈兜被状。 ………………………………………………………（4）

4.萼片、花瓣和花药帽皆为白色。 ………………………………………14.球花石斛*D. thyrsiflorum*

4.萼片、花瓣和花药帽均为黄色。 ……………………………………………………………（5）

5.萼片和花瓣奶黄色，唇瓣纯黄色。 …………………………………………10.密花石斛*D. densiflorum*

5.萼片花瓣和唇瓣均为黄色，且唇盘具深黄色斑块。 ……………9.鼓槌石斛*D. chrysotoxum*

9. 鼓槌石斛 *Dendrobium chrysotoxum* Lindl.

别名：金弓石斛。

植株形态：茎直立，肉质，纺锤形，具2~5节间，具多数圆钝的条棱，干后金黄色，近顶端具2~5枚叶。叶革质，长圆形，先端急尖而钩转，基部收狭，但不下延为抱茎的鞘。总状花序近茎顶端发出，斜出或稍下垂；花序轴粗壮，疏生多数花；花序柄基部具4~5枚鞘。（图3-9A）

花形态解剖特征：花大，色彩艳丽，金黄色（图3-9A）。中萼片长圆形，先端稍钝；侧萼片与中萼片近等大；萼囊突起不明显，较短，呈

图3-9A 鼓槌石斛*Dendrobium chrysotoxum*

球状。花瓣倒卵形，等长于中萼片，宽约为萼片的2倍，先端近圆形。唇瓣颜色比萼片和花瓣深，近肾状圆形，先端浅2裂，基部两侧稍具红色条纹，边缘波状浅裂，上面密被短绒毛，唇盘具"U"形的金黄色斑块（图3-9B：1、2）。合蕊柱和蕊柱足通体黄绿色，呈直角形，蕊柱齿紧贴合蕊柱，不甚明显（图3-9B：3、4）。花药帽绿黄色，长圆锥盔帽状、尖塔状（图3-9B：9）。花粉团蜡质金黄色，长棒状，4枚轮廓为近长方形（图3-9B：5~7、9）。

地理分布：产于云南南部至西部（石屏、景谷、思茅、勐腊、景洪、耿马、镇康、沧源）。生于海拔520~1 620m的阳光充足的常绿阔叶林中树干上或疏林下岩石上。国外分布于印度东北部、缅甸、泰国、老挝、越南。模式标本采自印度东北部。

物候期：花期3—5月。

用途：观赏兼药用。

近似种：本种与叠鞘石斛*D. denneanum*相似，但后者的茎秆不膨大为纺锤形。

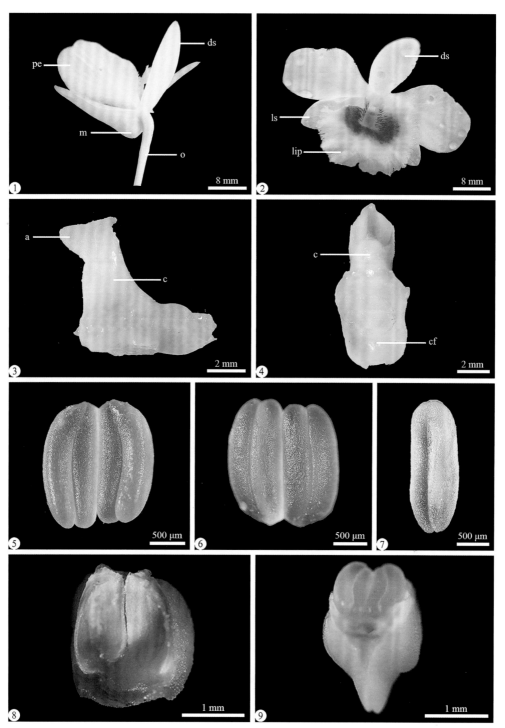

图3-9B　鼓槌石斛*Dendrobium chrysotoxum*花形态解剖特征

1～2.花的侧面（1）和正面（2）；3～4.合蕊柱的侧面（3）和背面（4）；5～7.4枚花粉团的正面（5）、背面（6）和单对花粉团（7）；8～9.药帽的正面（8）和背面（9）。缩写：a=花药；c=合蕊柱；cf=蕊柱足；ds=中萼片；lip=唇瓣；ls=侧萼片；m=萼囊；o=子房；pe=花瓣。

10. 密花石斛 *Dendrobium densiflorum* Lindl.

　　植株形态：附生草本，茎粗壮，通常呈棒状或纺锤形，下部常收狭为细圆柱形，不分枝，具数个节和4条纵棱，有时棱不明显，干后淡褐色并且带光泽。叶常3～4枚，近顶生，革质，长圆状披针形，先端急尖，基部不下延为抱茎的鞘。总状花序从上年生或2年生具叶的茎上端发出，下垂，密生许多花，花序柄基部被2～4枚鞘。花苞片纸质，倒卵形，先端钝。花梗和子房白绿色。（图3-10A）

图3-10A　密花石斛*Dendrobium densiflorum*

　　花形态解剖特征：花开展，萼片和花瓣淡黄色（图3-10B：1）。中萼片卵形，先端钝，全缘；侧萼片卵状披针形，近等大于中萼片。花瓣近圆形；唇瓣金黄色，圆状菱形，先端圆形，边缘不规则毛状，中部以下两侧围抱蕊柱（图3-10B：1、2）。合蕊柱和蕊柱足橘黄色，两者不在一条线上，略成钝角，蕊柱齿三角形，紧贴合蕊柱，长不及花药帽的一半（图3-10B：4～6），花药帽鲜黄色，前后压扁呈半球形盔帽状，前端边缘平截，无明显绒毛（图3-10B：3）。花粉团蜡质金黄色，长棒状（图3-10B：7～9）。

　　地理分布：产于广东、海南、广西、西藏。生于海拔420～1 000m的常绿阔叶林中树干上或山谷岩石上。国外分布于尼泊尔、不丹、印度东北部、缅甸、泰国。模式标本采自尼泊尔。

　　物候期：花期4—5月。

　　用途：观赏。

　　近似种：本种在花序和花形上常与球花石斛*D. thyrsiflorum*相混淆，但后者萼片和花瓣白色，花药帽和子房白色。

图3-10B　密花石斛*Dendrobium densiflorum*花形态解剖特征

1~2.花序（1）和正面（2）；3.花药帽正、背面；4~6.合蕊柱的正面（4）、侧面（5）和背面（6）；7~9.花粉团的正面（7）、2枚花粉团背面（8）和单枚花粉团（9）。缩写：a＝花药；c＝合蕊柱；cf＝蕊柱足；ct＝蕊柱齿；ds＝中萼片；lip＝唇瓣；ls＝侧萼片；o＝子房；pe＝花瓣；st＝柱头腔。

11. 小黄花石斛 *Dendrobium jenkinsii* Wall. ex Lindl.

植株形态：附生草本，茎假鳞茎状，密集或丛生，稍两侧压扁状，纺锤形或卵状长圆形，顶生1枚叶，基部收狭，具2~3个节，干后淡黄褐色并且具光泽；节被白色膜质鞘。叶革质，长圆形，先端钝并且微凹，基部收狭，但不下延为鞘，边缘稍波状。总状花序从茎上端发出，短于或约等长于茎，具1~3朵花；花苞片小；花梗和子房黄绿色。（图3-11A）

图3-11A　小黄花石斛*Dendrobium jenkinsii*

花形态解剖特征：花橘黄色，开展，薄纸质。中萼片卵状披针形，先端稍钝；侧萼片与中萼片近等大，萼囊近球形；花瓣宽椭圆形，先端圆钝；唇瓣舒展，半圆形，近轴面密被短柔毛（图3-11B：1、2）。蕊柱粗短，蕊柱足较长（图3-11B：3~5）。药帽半球形，前端边缘不整齐（图3-11B：9、11）。花粉团4枚，黄色（图3-11B：6~8）。

地理分布：产于云南。常生于海拔700~1 300m的疏林中树干上。国外分布于不丹、印度东北部、缅甸、泰国、老挝。模式标本采自印度东北部。

用途：药用和观赏。

近似种：本种与聚石斛*D. lindleyi*十分相似，但后者的花序较长，具10朵以上的花，花药帽长半盔帽形。

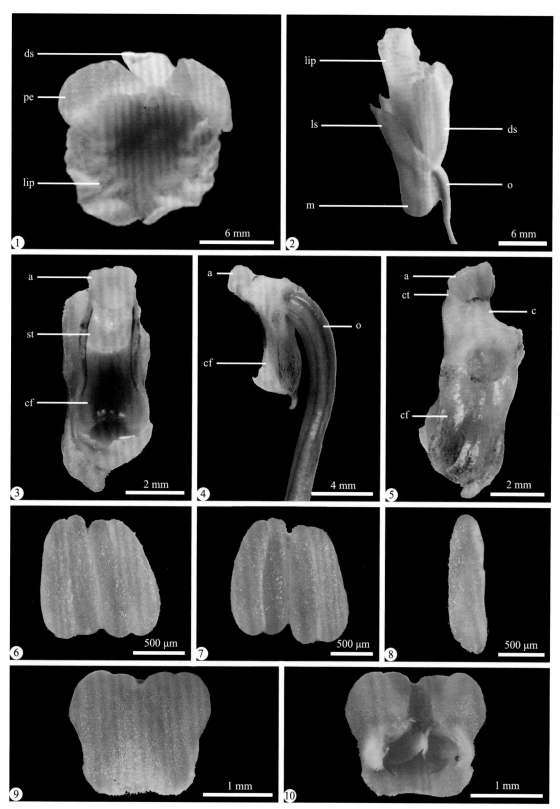

图3-11B　小黄花石斛Dendrobium jenkinsii花形态解剖特征

1~2.花的正面（1）和侧面（2）；3~5.合蕊柱的正面（3）、侧面（4）和背面（5）；6~8.4枚花粉团的正面（6）、背面（7）和单枚花粉团（8）；9~10.药帽的正面（9）和背面（10）。缩写：a＝花药；c＝合蕊柱；cf＝蕊柱足；ct＝蕊柱齿；ds＝中萼片；lip＝唇瓣；ls＝侧萼片；m＝萼囊；o＝子房；pe＝花瓣；st＝柱头腔。

12. 聚石斛 *Dendrobium lindleyi* Steud.

植株形态：附生草本，茎假鳞茎状，密集或丛生，稍两侧压扁状，纺锤形或卵状长圆形，顶生1枚叶，基部收狭，具4条棱和2~5个节，干后淡黄褐色并且具光泽，茎节被白色膜质鞘。叶革质，长圆形，先端钝并且微凹，基部收狭，但不下延为鞘，边缘稍波状。总状花序从茎上端发出，远比茎长，疏生数朵至10余朵花。花形舒展，花色艳丽，花苞片小，狭卵状三角形；花梗和子房黄绿色带淡紫色。（图3-12A）

图3-12A　聚石斛*Dendrobium lindleyi*

花形态解剖特征：花色艳丽，橘黄色，薄纸质，花形舒展。中萼片卵状披针形，先端稍钝；侧萼片与中萼片近等大；萼囊近球形。花瓣宽椭圆形，先端圆钝；唇瓣倒卵形，不裂，中部以下两侧围抱蕊柱，先端通常凹缺，唇盘在中部以下密被短柔毛（图3-12B：1、2）。合蕊柱粗短，但蕊柱足长，两者几乎一条线；侧蕊柱齿不发达，但背蕊柱齿较长，紧贴花药帽（图3-12B：3~5）。花药帽绿色偏黄色，长半球形盔帽状，顶部具缺刻，正面平整，背面具深沟槽；底部前端边缘不整齐，无绒毛（图3-12B：6、7）。花粉团蜡质金黄色，4枚轮廓呈长心形（图3-12B：6、8）。

地理分布：产于广东、香港、海南、广西、贵州。喜生于阳光充裕的疏林中树干上，海拔达1 000m。国外分布于不丹、印度、缅甸、泰国、老挝、越南。模式标本采自缅甸。

物候期：花期4—5月。

用途：观赏、药用。

近似种：本种与小黄花石斛*D. jenkinsii*较相似，但后者的花序短，仅1~3朵花，花药帽近扁平矩形，具明显四角，顶部具3浅裂。本种还与短棒石斛*D. capillipes*近似，但后者的花药帽尖圆锥形，蕊柱齿发达。

图3-12B　聚石斛*Dendrobium lindleyi*花形态解剖特征

1～2.花的正面（1）和侧面（2）；3～5.合蕊柱的正面（3）、侧面（4）和背面（5）；6.带花粉团的合蕊柱正面；7.花药帽近背面；8.花粉团。缩写：a＝花药；ac＝花药帽；aw＝花药壁；c＝合蕊柱；cf＝蕊柱足；ct＝蕊柱齿；ds＝中萼片；lip＝唇瓣；ls＝侧萼片；o＝子房；p＝花粉团；pe＝花瓣；st＝柱头腔。

13. 具槽石斛 *Dendrobium sulcatum* Lindl.

植株形态：附生兰，茎扁棒状，被纸质鞘。叶互生于近茎端，纸质，长圆形，先端尖或2尖裂，基部不下延为鞘。总状花序茎上端发出，下垂，密生少数至多数花。（图3-13A）

花形态解剖特征：花形两侧对称，低垂，不甚舒展；奶黄色。中萼片与侧萼片近等大，长圆形，先端近锐尖；花瓣近倒卵形。唇瓣颜色深黄色，近基部两侧各具褐色斑块，两侧围抱蕊柱而使整个唇瓣呈兜状（图3-13B：1~7），萼囊短圆锥形，中空（图3-13B：8）。合蕊柱浅黄色，较短；蕊柱足深黄色，较长，两者近乎一直线，蕊柱齿不及花药帽的一半（图3-13B：2~6）。花药帽浅黄色，为半球形盔帽状，表面光滑，正面平整无沟槽，背面具深沟槽（图3-13B：9、10）。花粉团4枚，整体轮廓呈心形，黄色，单枚花粉团长条形（图3-13B：11）。

地理分布：产于云南南部（勐腊）。生于海拔700~800m的密林中树干上。国外分布于印度东北部、缅甸、泰国、老挝。模式标本采自印度东北部。

物候期：花期6月。

用途：观赏。

图3-13A　具槽石斛*Dendrobium sulcatum*（摄影：王云强）

近似种：本种与球花石斛*D. thrysiflorum*很相似，但后者的唇瓣上具绒毛、半圆形、纯黄色，花药帽白色，蕊柱齿发达。

图3-13B　具槽石斛*Dendrobium sulcatum*花形态解剖特征

1.花序图；2.带有子房花梗的合蕊柱侧面；3~6.合蕊柱的正面（3、6）、侧面（4）和背面（5）；7.唇瓣纵切面，示其基部具红斑；8.萼囊纵切面，示其空心、肉质囊壁较厚；9~10.花药帽的正面（9）和背面（10）；11.花粉团。
缩写：a=花药；ac=药帽；c=合蕊柱；cf=蕊柱足；ct=蕊柱齿；ds=中萼片；lip=唇瓣；ls=侧萼片；o=子房；p=花粉团；pe=花瓣；r=蕊喙；st=柱头腔。

14. 球花石斛 *Dendrobium thyrsiflorum* B. S. Willams

植株形态：附生草本，茎直立或斜立，圆柱形，粗壮，基部收狭为细圆柱形，不分枝，具数节，黄褐色并且具光泽，有数条纵棱。叶3～4枚互生于茎的上端，革质，长圆形或长圆状披针形，先端急尖，基部不下延为抱茎的鞘，但收狭为柄。总状花序侧生于带有叶的老茎上端，下垂，密生许多花，花序柄基部被3～4枚纸质鞘。花苞片浅白色，纸质，倒卵形，先端圆钝，具数条脉，干后不席卷；花梗和子房浅白色带紫色条纹。（图3-14A）

花形态解剖特征：花开展，质地薄，萼片和花瓣白色，唇瓣金黄色。中萼片卵形，先端钝，全缘；侧萼片稍斜卵状披针形，先端钝，全缘（图3-14B：1、2）。萼囊金黄色，短粗（图3-14B：2）。花瓣阔卵圆形，边缘具绒毛，微卷呈不整齐波浪状起伏。唇瓣金黄色，近圆形，平整，边缘具短绒毛（图3-14B：1、2）。合蕊柱较短，浅黄色；蕊柱足浅黄色，正面橘黄色；蕊柱齿锐尖，细三角形，不及花药帽一半（图3-14B：3～5）。花药帽白色，半圆形盔状，表面光滑，正面有微凹印痕，背面有宽沟槽；顶部缺刻不明显，基部整齐，光滑无绒毛（图3-14B：9、10）。花粉团蜡质金黄色，棒状，4枚排成长心形（图3-14B：6～8）。

图3-14A　球花石斛*Dendrobium thyrsiflorum*

地理分布：产于云南。生于海拔1 100～1 800m的山地林中树干上。国外分布于印度东北部、缅甸、泰国、老挝、越南。模式标本采自缅甸。

物候期：花期4—5月。

用途：药用兼观赏。

近似种：本种与密花石斛*D. densiflorum*较为相似，但后者的花萼和侧花瓣黄色，花药帽和子房皆黄色。

图3-14B　球花石斛*Dendrobium thyrsiflorum*花形态解剖特征

1～2.花的正面（1）和极面（2）；3～5.合蕊柱的正面（3）、侧面（4）和背面（5）；6～8.4枚花粉团的正面（6）、背面（7）和单枚花粉团（8）；9～10.药帽的正面（9）和背面（10）。缩写：a=花药；c=合蕊柱；cf=蕊柱足；ct=蕊柱齿；ds=中萼片；lip=唇瓣；ls=侧萼片；o=子房；pe=花瓣；st=柱头腔。

三、距囊组 Sect. *Pedilonum*（Bl.）Lindl.

茎圆柱状，粗厚，肉质状，节间不肿胀或呈倒圆锥状圆筒形。萼囊长筒状，唇瓣基部具明显的爪。我国有3种，本书收录1种。为便于识别，本文编制了3种的检索表。

分 种 检 索 表

15. 红花石斛 *Dendrobium goldschmidtianum* Kraenzl.

别名：红石斛。

植株形态：附生草本，茎直立或悬垂，圆柱形，有时中部增粗而稍呈纺锤形，基部收窄，不分枝，具多个节，节间倒圆锥状圆柱形。叶薄革质，披针形或卵状披针形，先端渐尖，基部具鞘；叶鞘绿色带紫红色，紧抱于茎。总状花序出自落了叶的老茎上，呈簇生状，密生6~10朵花；花苞片膜质，卵状披针形，先端急尖；花梗和子房褐绿色。（图3-15A）

花形态解剖特征：花紫红色，数朵簇生于落叶的茎秆（图3-15A）。花萼、花瓣舒展呈长卵形，先端锐尖，平行脉络明显，萼囊长角状，圆锥形。花瓣斜倒卵状长圆形，等长于中萼片而稍较狭，先端锐尖，基部收狭；唇瓣匙形，先端稍钝，全缘（图3-15B：1~3）。合蕊柱短，黄绿色；顶端与花药帽等高的蕊柱齿，侧蕊柱齿发达，为黄绿色带紫色的肉质盾片状；背蕊柱齿

图3-15A　红花石斛*Dendrobium goldschmidtianum*

细小，呈狭三角形；蕊喙发达，黄色片状，蕊柱腔深凹为绿色。蕊柱足长，是合蕊柱长度的近5倍，中部收狭，两端阔，背面和两侧为亮紫色，正面为黄绿色（图3-15B：4~6）。4枚花粉团蜡质，白色，呈长圆锥形（图3-15B：7、8）。花药帽绿，黄色，长圆形盔帽状，上端圆形，下部近方形，中下部收狭；表面光滑，无乳突或绒毛；正面平整，背部具深沟槽；上端具浅缺刻，基部具白色长柔毛（图3-15B：9、10）。

地理分布：产于台湾（兰屿岛）。生于海拔200~400m。国外产于菲律宾（模式标本产地）。

物候期：花期3—11月。

用途：观赏。

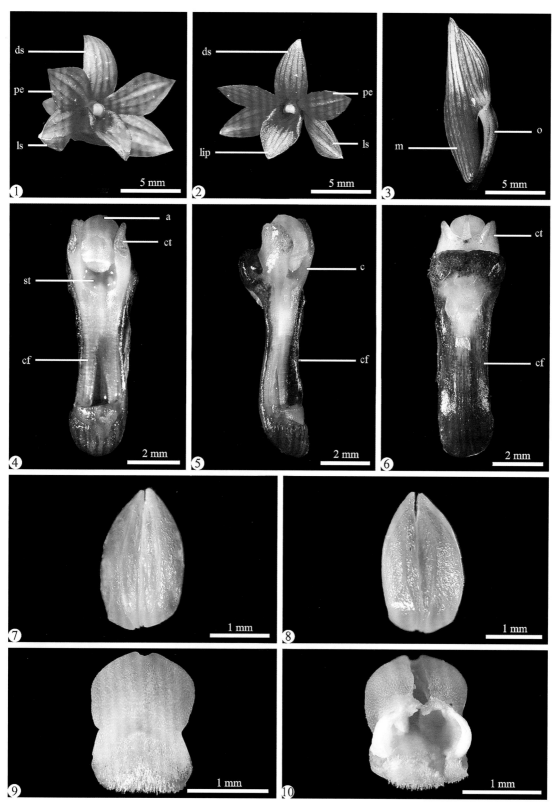

图3-15B　红花石斛*Dendrobium goldschmidtianum*花形态解剖特征

1~3.花的正面（1、2）和花苞侧面（3）；4~6.合蕊柱的正面（4）、侧面（5）和背面（6）；7~8.4枚花粉团的正面（7）和背面（8）；9~10.花药帽的正面（9）和背面（10）。缩写：a=花药；c=合蕊柱；cf=蕊柱足；ct=蕊柱齿；ds=中萼片；lip=唇瓣；ls=侧萼片；m=萼囊；o=子房；pe=花瓣；st=柱头腔。

四、瘦轴组 Sect. *Breviflores* Hook. f.

茎肉质，圆柱形或有时棒状。花序轴和花序柄细而坚实，具少数小花，萼囊宽，唇瓣比萼片短，并且凹陷呈舟状，不裂。我国有2种，本书收录2种，根据花形态特征，编制分种检索表。

分 种 检 索 表

1.蕊柱足弯曲，较长，长约10mm。·· 16.钩状石斛*D. aduncum*

1.蕊柱足直，较短，长约2.5mm。···17.重唇石斛*D. hercoglossum*

16. 钩状石斛 *Dendrobium aduncum* Lindl.

植株形态：附生草本，茎下垂，圆柱形，有时上部稍弯曲，不分枝，具多个节，干后淡黄色。叶长圆形或狭椭圆形，先端急尖并且钩转，基部具抱茎的鞘。总状花序通常数个，出自落了叶或具叶的老茎上部，花序轴纤细，稍回折状弯曲，疏生1~6朵花；花序柄基部被3~4枚膜质鞘；花苞片膜质，卵状披针形，先端急尖。（图3-16A）

花形态解剖特征：花开展，萼片和花瓣淡粉红色。中萼片长圆状披针形，先端锐尖；侧萼片斜卵状三角形，与中萼片等长而宽得多，先端急尖，基部歪斜；萼囊明显坛状。花瓣长圆形，先端急尖；唇瓣浅绿色，朝上，凹陷呈舟状，展开时为宽卵形，前部骤然收狭而先端为短尾状并且反卷，基部具爪，上面除爪和唇盘两侧外密布白色短毛，近基部具1个绿色方形的胼胝体（图3-16B：1~3）。合蕊柱白色，短，呈方柱形，两侧具扁平的耳状蕊柱齿，背面蕊柱齿细、锐尖（图3-16B：8）。蕊柱足长而宽，向前弯曲呈弧形，末端与唇瓣相连接处具1个关节，内部密生黄色绒毛（图3-16B：4、5）。花药帽深紫色，近半球形盔状，密布

图3-16A 钩状石斛*Dendrobium aduncum*

紫色乳突状毛，顶端浅裂呈凹陷状，基部边缘外部具白色长柔毛，内部呈不整齐的齿裂（图3-16B：6、7）。花粉团4枚，蜡质金黄色（图3-16B：9）。

地理分布：产于湖南、广东、香港、海南、广西、贵州、云南。生于海拔700~1 000m的山地林中树干上。国外分布于不丹、印度东北部、缅甸、泰国、越南。模式标本采自印度东北部。

物候期：花期5—6月。

用途：观赏。

近似种：本种近重唇石斛*D. hercoglossum*，但后者蕊柱足短宽、不弯曲、腹面光滑。

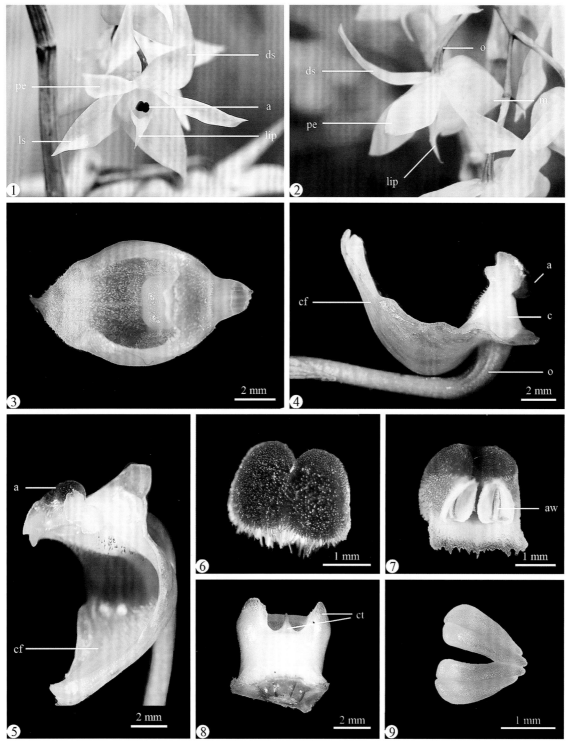

图3-16B 钩状石斛*Dendrobium aduncum*花形态解剖特征

1~2.花的正面（1）和侧面（2）；3.唇瓣正面；4~5.合蕊柱的侧面；6~7.花药帽的正面（6）和背面（7）；8.柱头背面；9.花粉团背面。缩写：a=花药；aw=花药壁；c=合蕊柱；cf=蕊柱足；ct=蕊柱齿；ds=中萼片；lip=唇瓣；ls=侧萼片；m=萼囊；o=子房；pe=花瓣。

17. 重唇石斛 *Dendrobium hercoglossum* Rchb. f.

别名：网脉唇石斛。

植株形态：大型附生兰，茎下垂，圆柱形或有时从基部上方逐渐变粗，具少数至多数节，节干后淡黄色。叶薄革质，狭长圆形或长圆状披针形，先端钝并且不等侧2圆裂，基部具紧抱于茎的鞘；总状花序通常数个，从落了叶的老茎上发出，常具2~3朵花；花序轴瘦弱，有时稍回折状弯曲；花序柄绿色，基部被3~4枚短筒状鞘；花苞片小，干膜质，卵状披针形，先端急尖；花梗和子房淡粉红色。（图3-17A）

花形态解剖特征：花开展，萼片和花瓣淡粉红色。中萼片卵状长圆形，先端急尖；侧萼片稍斜卵状披针形，与中萼片等大，先端渐尖；花瓣倒卵状长圆形，先端锐尖；唇瓣白色，直立，分前后唇；后唇半球形，前端密生短流苏，内面密生短毛；

图3-17A　重唇石斛*Dendrobium hercoglossum*

前唇淡粉红色，较小，三角形，先端急尖，无毛（图3-17B：1、2）。合蕊柱白色，下部扩大，具短宽扁平的蕊柱足；蕊柱齿三角形，先端稍钝（图3-17B：3~5）。花药帽紫色，半球形，密布细乳突，前端边缘啮蚀状（图3-17B：8、9）。花粉团4枚，黄色（图3-17B：6、7）。

地理分布：产于安徽、江西、湖南、广东、海南、广西、贵州西南部（兴义、罗甸、册亨）、云南。生于海拔590~1 260m的山地密林中树干上和山谷湿润岩石上。国外分布于泰国、老挝、越南、马来西亚。模式标本采自马来西亚。

物候期：花期5—6月。

用途：观赏兼药用。

近似种：本种与钩状石斛*D. aduncum*较相似，但后者的蕊柱足长扁宽，呈弧形，腹面被黄色绒毛，蕊柱齿发达。

备注：本种植物拉丁学名的种加词"*hercoglossum*"意为"篱状舌的"，用来表达其唇瓣先端锐尖。

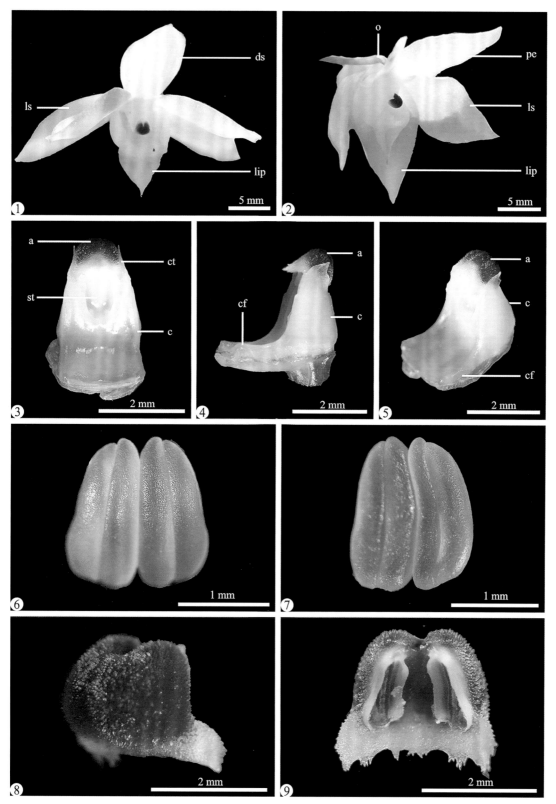

图3-17B　重唇石斛*Dendrobium hercoglossum*花形态解剖特征

1~2.花的正面（1）和近侧面（2）；3~5.合蕊柱的正面（3）和侧面（4、5）；6~7. 4枚花粉团的背面（6）和正面（7）；8~9.花药帽的侧面（8）和底面（9）。缩写：a=花药；c=合蕊柱；cf=蕊柱足；ct=蕊柱齿；ds=中萼片；lip=唇瓣；ls=侧萼片；o=子房；pe=花瓣；st=柱头腔。

五、草叶组 Sect. *Stachyobium* Lindl.

植株矮小，禾草状。茎肉质，通常由基部向上变为细圆柱形或长卵球形，被偏鼓的叶鞘所包。花序从茎端的叶腋发出，近直立，与茎平行，具多数小花；唇瓣边缘常皱波状或具梳状的齿，唇盘中央具宽厚的肉脊。我国有5种，本文收录5种，根据花形态特征，编制以下分种检索表。

分 种 检 索 表

1.总状花序不高出叶外，花小，密集，花药帽半盔形，绿色。 ……………… 18.草石斛*D. compactum*

1.总状花序高出叶外，花较大，疏生，花药帽非绿色。 …………………………………………（2）

2.花序单生，花粉团短，不呈棒状。 ………………………………… 20.单莛草石斛*D. porphyrochilum*

2.花序1～4个，花粉团长，呈棒状。 ……………………………………………………………（3）

3.花序长，大于20cm以上，花萼早期白色，后期紫红色。 ………… 22.梳唇石斛*D. strongylanthum*

3.花序短，不超过20cm，花萼不变色。 ……………………………………………………………（4）

4.花药帽橘黄色，半圆形盔状，边缘黄色啮齿状。 …………………… 21.勐海石斛*D. sinominutiflorum*

4.花药帽明黄色，长圆形盔状，边缘具白色柔毛。 ……………………… 19.藏南石斛*D. monticola*

18. 草石斛 *Dendrobium compactum* Rolfe ex Hemsl.

　　别名：小密石斛。

　　植株形态：小型附生兰，茎肉质，圆柱形或纺锤形，具节。叶2列，互生，2～5枚，草质，长圆形，先端钝且不等侧2裂，基部扩大为鞘，叶鞘偏鼓状，纸质。总状花序，直立，顶生或侧生于当年生的茎上部，不高出叶外，具多朵小花；花绿白色。（图3-18A）

　　花形态解剖特征：花开展；中萼片卵状长圆形，先端急尖；侧萼片斜三角状披针形，基部歪斜，先端急尖；萼囊圆锥形；花瓣近圆形，先端急尖。唇瓣浅绿色，近圆形，不明显3裂；唇盘

图3-18A　草石斛*Dendrobium compactum*

具肉脊，其先端稍收窄（图3-18B：1、2）。合蕊柱和蕊柱足绿紫色，合蕊柱较短，侧蕊柱齿三角形，长度及花药帽一半；蕊柱足基部较宽，柱头腔深凹，近长椭圆形，蕊喙不明显（图3-18B：3～5）。花药帽绿色为半圆形盔帽状，密被颗粒状乳突，前端顶部边缘具微缺刻，底部边缘具白色短绒毛，花药帽内部的残留花药壁明显（图3-18B：6、7）。花药具4枚花粉团，蜡质黄色，单枚花粉团短棒状（图3-18B：8）。

　　地理分布：产于云南南部至西南部（勐腊、思茅、景洪、澜沧、凤庆），生于海拔1 650～1 850m的山地阔叶林中树干上。国外分布于泰国及缅甸。模式标本采自云南（思茅）。

　　物候期：花期9—10月。

　　近似种：本种与勐海石斛*D. sinominutiflorum*较为相似，但后者的株形和茎秆明显直立，且叶片厚革质，花序高于叶片，萼囊明显呈角状。

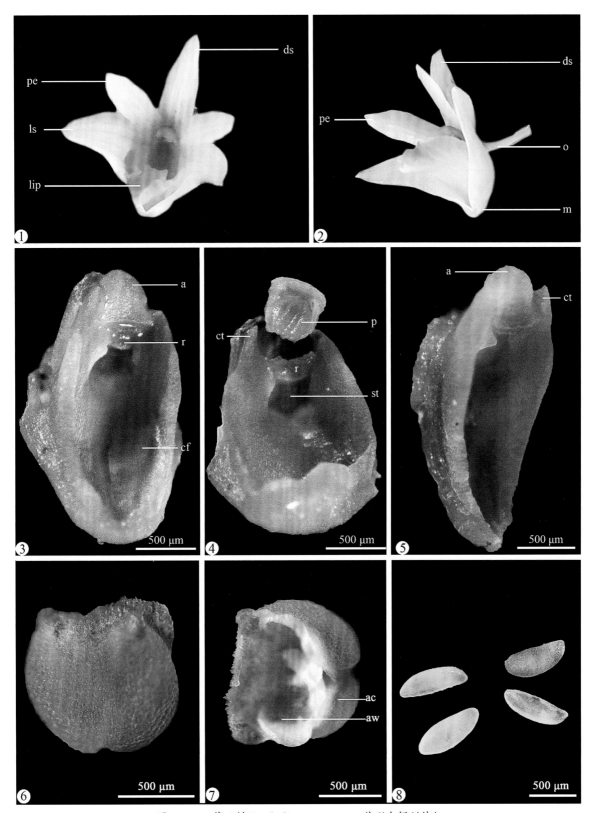

图3-18B　草石斛*Dendrobium compactum*花形态解剖特征

1~2.花的正面（1）和侧面（2）；3~5.合蕊柱的正面（3、4）、侧面（5）；6~7.花药帽的正面（6）和内面（7）；8.4枚单粒花粉团。缩写：a＝花药；ac＝药帽；aw＝花药壁；cf＝蕊柱足；ct＝蕊柱齿；ds＝中萼片；lip＝唇瓣；ls＝侧萼片；m＝萼囊；o＝子房；p＝花粉团；pe＝花瓣；r＝蕊喙；st＝柱头腔。

19. 藏南石斛 *Dendrobium monticola* P. F. Hunt & Summerh.

植株形态：附生草本，植株矮小。茎肉质，直立或斜立，从基部向上逐渐变细，当年生的被叶鞘所包，具数节，节间长约1cm。叶2列互生于整个茎上，薄革质，狭长圆形，先端锐尖并且不等侧微2裂，基部扩大为偏鼓状的鞘；叶鞘抱茎，在茎下部的最大，向上逐渐变小，鞘口斜截。总状花序常1~4个，顶生或从当年生具叶的茎上部发出，近直立或弯垂，具数朵小花；花苞片狭卵形，先端急尖；花梗和子房纤细。（图3-19A）

图3-19A　藏南石斛*Dendrobium monticola*（摄影：罗艳）

花形态解剖特征：花开展，黄绿色，唇瓣鲜黄色。中萼片狭长圆形；侧萼片镰状披针形，中部以上骤然急尖；萼囊短圆柱形；花瓣狭长圆形，唇瓣近椭圆形（图3-19B：1）。合蕊柱和蕊柱足黄绿色，具紫红色细斑点，两者构成一直角；蕊柱足侧扁，边缘微卷，正面具黄绿色细乳突；蕊柱齿锐尖，不及花药帽高（图3-19B：2~5）。花药帽半球形盔帽状，靠近底部收狭，前端边缘白色细绒毛（图3-19B：6、7）。花粉团蜡质金黄色，4枚呈长圆形（图3-19B：8）。

地理分布：产于广西、西藏。生于海拔1 750~2 200m的山谷岩石上。在国外，从印度西北部经尼泊尔到印度东北部锡金邦和泰国也有分布。模式标本采自印度西北部。

物候期：花期7—8月。

用途：药用。

近似种：本种近似于草石斛*D. compactum*，但后者的株形矮小，花序长度不超出叶面，花色黄绿，合蕊柱和蕊柱足紫色，花药帽绿色。

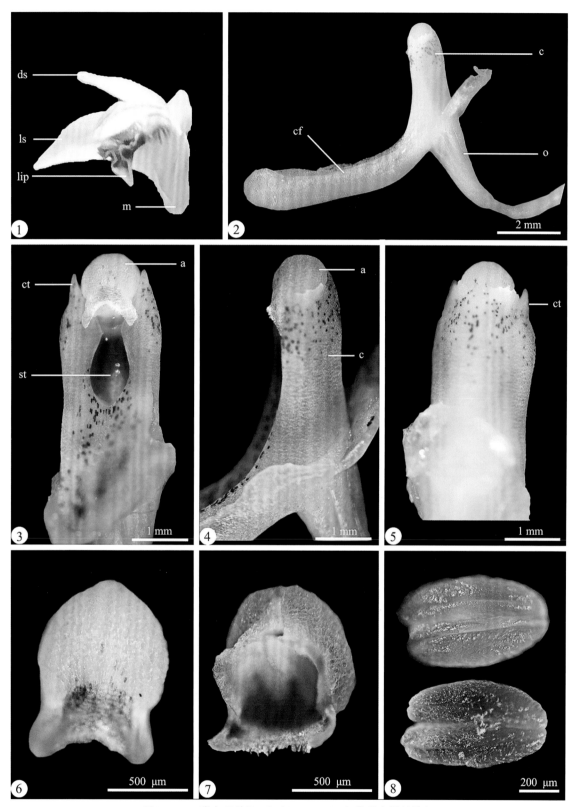

图3-19B　藏南石斛*Dendrobium monticola*花形态解剖特征

1.花的侧面；2.合蕊柱和子房的侧面；3~5.合蕊柱的正面（3）、侧面（4）和背面（5）；6~7.花药帽的正面（6）和底面（7）；8.4枚花粉团的背面（上）和正面（下）。缩写：a=花药；c=合蕊柱；cf=蕊柱足；ct=蕊柱齿；ds=中萼片；lip=唇瓣；ls=侧萼片；m=萼囊；o=子房；st=柱头腔。

20. 单莛草石斛 *Dendrobium porphyrochilum* Lindl.

别名：紫唇石斛。

植株形态：附生草本，茎肉质，直立，圆柱形或狭长的纺锤形，基部稍收窄，中部以上向先端逐渐变细，具数个节间，当年生的被叶鞘所包裹。叶3~4枚，2列，互生，纸质，狭长圆形，先端锐尖并且不等侧2裂，基部收窄而后扩大为鞘；叶鞘草质，偏鼓状的。总状花序单生于茎顶，远高出叶外，弯垂，具数朵至10余朵小花；花苞片狭披针形，等长或长于花梗连同子房，先端渐尖；花梗和子房细如发状。（图3-20A）

图3-20A　单莛草石斛*Dendrobium porphyrochilum*

花形态解剖特征：花开展，质地薄；中萼片狭卵状披针形，先端渐尖呈尾状；侧萼片狭披针形，与中萼片等长而稍较宽，基部歪斜，先端渐尖；萼囊小，近球形；花瓣狭椭圆形，先端急尖；唇瓣暗紫褐色，近菱形或椭圆形（图3-20B：1~3）。蕊柱白色带紫色，基部扩大，有蕊柱足（图3-20B：4、6）。花粉团4枚，黄色，扁圆形（图3-20B：7、8）。花药帽半球形，光滑（图3-20B：9、10）。

地理分布：产于广东、云南。生于海拔2 700m的山地林中树干上或林下岩石上。国外分布于从喜马拉雅西北部经尼泊尔、不丹、印度东北部、缅甸至泰国。模式标本采自印度东北部。

物候期：花期6月。

用途：干花可作花茶。

近似种：本种与藏南石斛*D. monticola*较为相似，但后者的花序有2个以上，侧生；唇瓣黄绿色，先端锐尖，表面具明显的脊状突起。

图3-20B 单莲草石斛*Dendrobium porphyrochilum*花形态解剖特征

1～3.花的正面（1）、侧面（2）和背面（3）；4～6.合蕊柱的正面（4）和侧面（5、6）；7～8.2枚花粉团（7）和单枚花粉团（8）；9～10.药帽的侧面。缩写：a＝花药；c＝合蕊柱；ds＝中萼片；lip＝唇瓣；ls＝侧萼片；m＝萼囊；o＝子房；pe＝花瓣。

21. 勐海石斛 *Dendrobium sinominutiflorum* S.C.Chen，J.J.Wood & H.P.Wood

植株形态：附生草本，植株矮小。茎狭卵形或稍呈纺锤形，具3～4节，当年生的被叶鞘所包裹。叶薄革质，通常2～3枚，狭长圆形，先端钝并且不等侧2裂，基部扩大为鞘；叶鞘偏鼓状，抱茎，纸质，干后浅白色，鞘口斜截。总状花序1～3个，顶生或侧生于当年生的茎上部；花序轴纤细，具数朵小花；花苞片膜质，卵形，先端急尖；花绿白色或淡黄色。蒴果倒卵形，长宽近相等，具3条棱。（图3–21A）

图3–21A　勐海石斛*Dendrobium sinominutiflorum*

花形态解剖特征：花小，绿白色，开展。中萼片狭卵形，先端锐尖；侧萼片卵状三角形，基部歪斜，先端锐尖；萼囊长圆形，末端钝；花瓣长圆形，先端锐尖；唇瓣近长圆形，3裂；侧裂片先端尖牙齿状，中裂片横长圆形（图3–21B：1～3）。蕊柱粗短（图3–21B：4）。花粉团4枚，黄色（图3–21B：5、6）。花药帽半球形盔帽状，深橘黄色，外壁具细颗粒状突起，前端基部边缘微撕裂状（图3–21B：7、8）。

地理分布：产于云南。生于海拔1 000～1 400m的山地疏林中树干上。

物候期：花期8—9月。

用途：观赏。

近似种：本种与草石斛*D. compactum*较相似，但后者的株形矮小，叶片薄纸质，花序密集不高于叶片，萼囊突起不明显。

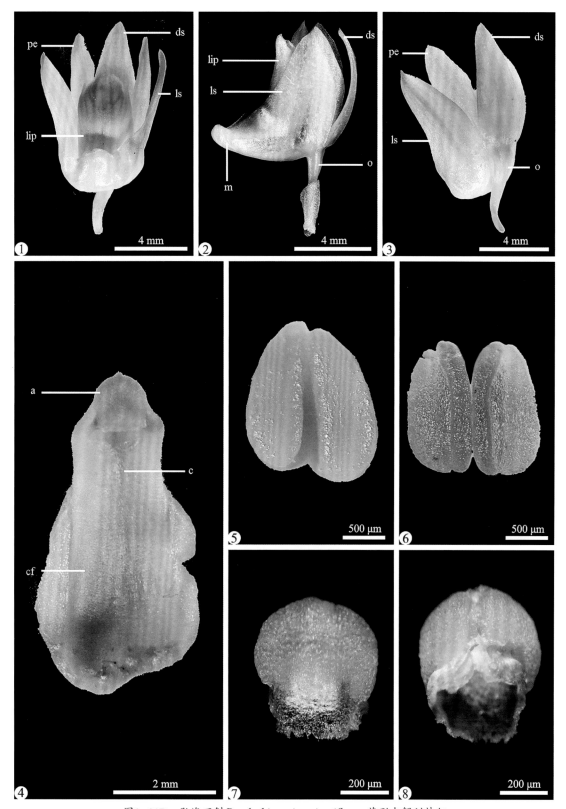

图3-21B　勐海石斛*Dendrobium sinominutiflorum*花形态解剖特征

1～3.花的正面（1）和侧面（2、3）；4.合蕊柱的正面；5～6.4枚花粉团的正面（5）和背面（6）；7～8.药帽的正面（7）和背面（8）。缩写：a＝花药；c＝合蕊柱；cf＝蕊柱足；ds＝中萼片；lip＝唇瓣；ls＝侧萼片；m＝萼囊；o＝子房；pe＝花瓣。

22. 梳唇石斛 *Dendrobium strongylanthum* Rchb. f.

别名：圆花石斛。

植株形态：附生草本，大型，茎肉质，直立，圆柱形或稍呈长纺锤形，具多个节。当年生的被叶鞘所包裹，上年生的当叶鞘腐烂后呈金黄色，稍回折状弯曲。叶质地薄，2列，互生于整个茎上，长圆形，先端锐尖并且不等侧2裂，基部扩大为偏鼓的鞘；叶鞘草质，干后抱茎，鞘口斜截；总状花序常1~4个，顶生或侧生于茎的上部，近直立，远高出叶外；花序轴纤细，密生数朵至20余朵小花；花苞片卵状披针形，先端渐尖。（图3-22A）

花形态解剖特征：花黄绿色，但萼片在基部呈紫红色。中萼片狭卵状披针形，先端长渐尖；侧萼片镰状披针形，基部歪斜，中部以上骤然急尖呈尾状；萼囊短圆锥形，长约4mm，花瓣浅黄绿色带紫红色脉纹，卵状披针形，比中萼片稍小；唇瓣紫堇色，中部以上3裂；侧裂片卵状三角形，先端尖齿状，边缘具梳状的齿；中裂片三角形，先端急尖，边缘皱褶呈鸡冠状；唇盘具2~3条褶片连成一体的脊突；脊突厚肉质，终止于中裂片的基部，先端扩大（图3-22B：1、2）。

图3-22A 梳唇石斛*Dendrobium strongylanthum*

蕊柱淡紫色，近圆柱形，蕊柱足边缘密被细乳突（图3-22B：3~5）。花药帽紫红色，半球形盔状，前端边缘撕裂状（图3-22B：8、9）。花粉团金黄色蜡质，4枚（图3-22B：6、7）。

地理分布：产于海南、云南。生于海拔1 000~2 100m的山地林中树干上。缅甸、泰国也有。模式标本采自缅甸。

物候期：花期9—10月。

用途：观赏。

备注：本种在国产草叶组里较为独特：花序大型，较长；花被在早期为白色，后变为紫红色，花药帽半盔形，紫红色。

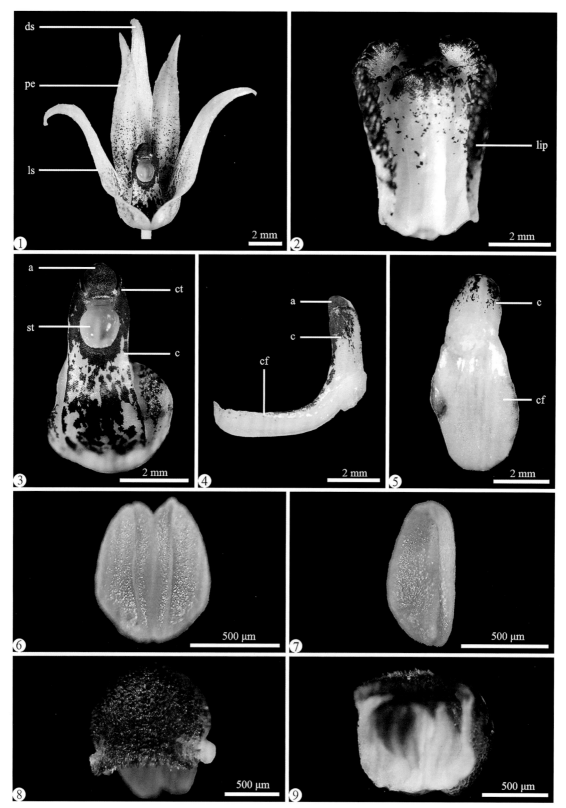

图3-22B 梳唇石斛*Dendrobium strongylanthum*花形态解剖特征

1.花的正面；2.唇瓣正面；3~5.合蕊柱的正面（3）、侧面（4）和背面（5）；6~7.4枚花粉团的正面（6）和侧面（7）；8~9.药帽的正面（8）和背面（9）。缩写：a＝花药；c＝合蕊柱；cf＝蕊柱足；ct＝蕊柱齿；ds＝中萼片；lip＝唇瓣；ls＝侧萼片；pe＝花瓣；st＝柱头腔。

六、心叶组 Sect. *Distichophyllum* Hook. f.

　　茎稍肉质，圆柱形，上下等粗。叶短，2列，紧密互生于整个茎上，基部心形抱茎并且下延为鞘。花单朵，与叶对生；萼囊角状，约与萼片等长。

　　我国仅1种，本书收录1种：反瓣石斛*D. ellipsophyllum* Tang & F. T. Wang。

23. 反瓣石斛 *Dendrobium ellipsophyllum* Tang & F. T. Wang

　　别名：黄毛石斛。

　　植株形态：大型附生草本，茎直立或斜立，圆柱形，长约50cm，粗约5mm，上下等粗，具纵条棱，不分枝，具多数节；节间长约2cm，被叶鞘所包裹。叶2列，紧密互生于整个茎上，舌状披针形，长4～5cm，宽15～19mm，先端钝并且不等侧2裂，基部心形抱茎并且下延为紧抱于茎的鞘。花朵密集，腋生。（图3-23A）

　　花形态解剖特征：花大型，纯白色、橘黄色带褐色或绿色条带。花梗连同子房纤细，下弯；萼片反卷，中萼片卵状长圆形；侧萼片长披针形；萼囊角状（图3-23B：1、2）；花瓣反卷，狭披针形；唇瓣肉质，比萼片大，3裂，沿中轴线稍下弯而折叠；侧裂片小，三角形，先端锐尖；中裂片较大，近横长圆形或圆形，先端近截形而具宽凹缺，唇盘中部以上黄色，中央具3条褐紫色的龙骨脊（图3-23B：2）。合蕊柱和蕊柱足短，浅黄色，具蕊柱齿，柱头腔凹陷明显呈半球形（图3-23B：3～5）。花粉团4枚，短，排列紧密，金黄色。花药帽浅黄色，半球形盔状（图3-23B：6～8）。

　　地理分布：产于云南东南部（勐腊、勐海）。生于海拔1 100m的山地阔叶林中树干上。国外分布于缅甸、老挝、柬埔寨、越南、泰国。模式标本采自缅甸。

　　物候期：花期5—6月。

　　用途：观赏兼药用。

　　备注：本种在国产石斛种类里较为独特，在于花萼和唇瓣均反卷，白底或黄底带有褐色条带。

图3-23A　*反瓣石斛Dendrobium ellipsophyllum*

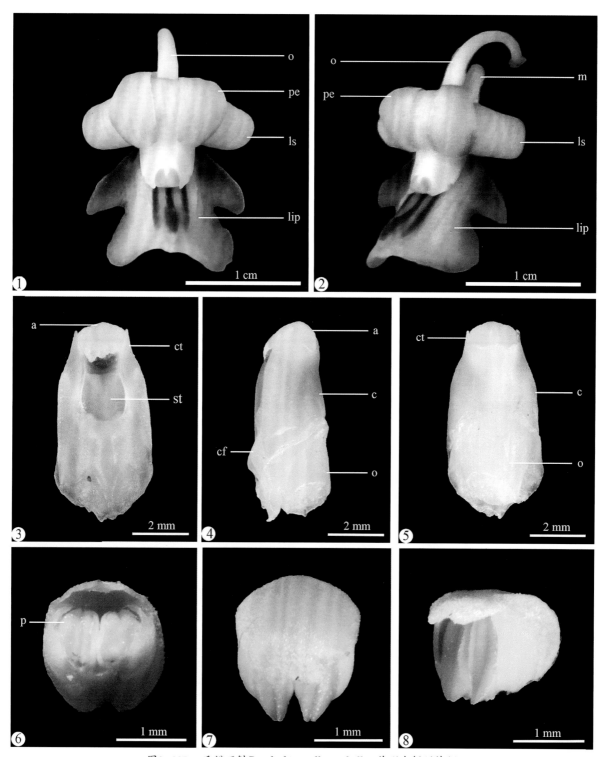

图3-23B 反瓣石斛*Dendrobium ellipsophyllum*花形态解剖特征

1～2.花的正面（1）、侧面图（2）；3～5.合蕊柱侧面（3）、正面（4）、背面（5）；6～8.药帽和花粉团的底面
（6）、正面（7）和侧面（8）。缩写：a＝花药；c＝合蕊柱；cf＝蕊柱足；ct＝蕊柱齿；lip＝唇瓣；ls＝侧萼片；
m＝萼囊；o＝子房；p＝花粉团；pe＝花瓣；st＝柱头腔。

七、叉唇组 Sect. *Stuposa* Kraenzl.

茎稍肉质，圆柱形，有时上部增粗而稍呈棒状，具纵条棱。花序轴和花序柄细而柔弱，具少数小花，萼片长不及1cm，萼囊短圆锥形，唇瓣前端3裂，前缘密生长绵毛。

我国有2种：瑙蒙石斛 *Dendrobium naungmungense* Q. Liu & X. H. Jin；叉唇石斛 *D. stuposum* Lindl.。

24. 瑙蒙石斛 *Dendrobium naungmungense* Q. Liu & X. H. Jin

植株形态：植株附生，下垂。茎细长，从节上分枝，节间被鞘覆盖，淡黄色。叶披针形，尖锐渐尖，全缘，无柄，2列。花序叶对生，1～2朵花；花序梗短，基部有鞘；鞘膜质，重叠；花苞片宽披针形，三脉膜质，花芳香。

花形态特征：花开展。中萼片椭圆形，先端锐尖，具5条脉；侧萼片卵状三角形，基部歪斜而贴生于蕊柱足；萼囊圆锥形，末端钝。花瓣披针形，先端锐尖；唇瓣基部到中上部有稀疏的紫色斑点和黄色斑块，3裂，唇瓣具短爪，整体轮廓倒卵状披针形，侧面裂片椭圆形，中裂片长椭圆形，边缘波状，下唇有一条宽带，唇盘有一卵状突起，三条毛状纵褶片从基部延伸到近上唇先端。（图3-24A、图3-24B）

地理分布：模式标本产地为缅甸北部瑙蒙（Naungmeng）地区，我国云南瑞丽市也有分布。

物候期：花期4—5月。

备注：该种发表时，被认为与反唇石斛（*D. vexabile*）和泰国分布的 *D. ciliatilabellum* 较为相似（Liu *et al.*，2018）。

图3-24A　瑙蒙石斛 *Dendrobium naungmungense* 植株形态图　　图3-24B　瑙蒙石斛 *Dendrobium naungmungense* 花形态
（摄影：刘强）　　　　　　　　　　　　　　　　　　　　（摄影：刘强）

25. 叉唇石斛 *Dendrobium stuposum* Lindl.

别名：长柔毛石斛。

植株形态：多年生草本植物，茎圆柱形或有时稍呈棒状，下部收狭，具5～17节，具多数纵条棱。叶革质，狭长圆状披针形，先端稍钝而一侧稍钩转，基部具抱茎的鞘。总状花序出自落了叶的老茎上部，花序轴细而柔弱，具2～3朵花。（图3-25A）

图3-25A 叉唇石斛*Dendrobium stuposum*

花形态解剖特征：花小，白色，生于茎秆中部。中萼片长圆形，先端近急尖，其中肋较粗壮；侧萼片斜卵状披针形；萼囊圆锥形；花瓣倒卵状椭圆形，先端钝，近先端处的两侧边缘有时具稀疏的短流苏。唇瓣倒卵状三角形，基部楔形，前端3裂；侧裂片卵状三角形，先端尖牙齿状，边缘密布白色交织状的长绵毛；中裂片卵状三角形，先端钝，边缘亦密布白色交织状的长绵毛；唇盘密布长柔毛，从唇瓣基部至先端具1条宽的龙骨脊，其先端增粗而变厚（图3-25B：1、2）。合蕊柱和蕊柱足白色，呈钝角；合蕊柱较短，蕊柱齿三角形，先端急尖，长不超过花药帽一半；蕊柱足较长，扁廓形，基部收拢愈合为管状（图3-25B：3～5）。花粉团蜡质金黄色，4枚排列紧密呈长圆形（图3-25B：6）。花药帽长半球形，白色，光滑（图3-25B：7、8）。

地理分布：产于云南南部至西南部（勐海、景洪、绿春、腾冲）。生于海拔约1 800m的山地疏林中树干上。不丹、印度东北部、缅甸、泰国也有。模式标本采自印度东北部。

物候期：花期4—6月。

近似种：本种与细茎石斛*D. moniliforme*较为相似，但后者的花序较长，且唇瓣长椭圆形，边缘无流苏。

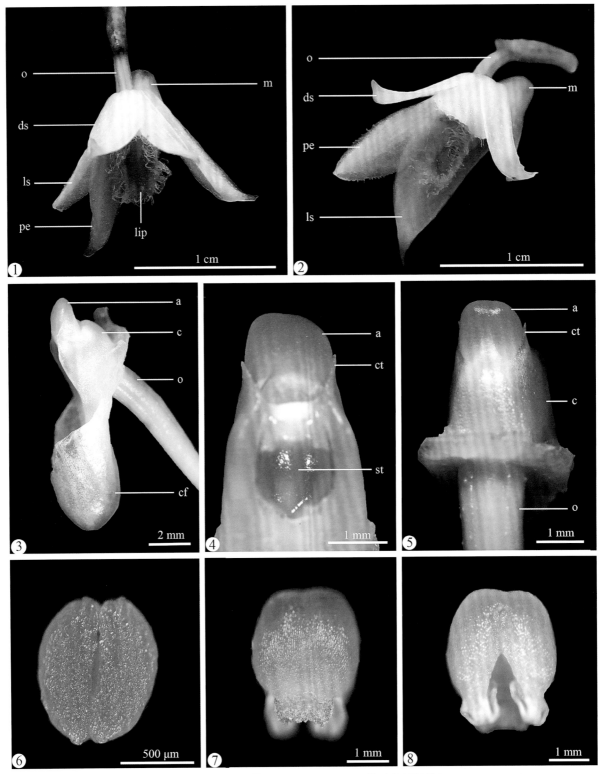

图3-25B　叉唇石斛*Dendrobium stuposum*花形态解剖特征

1~2.花的正面（1）、侧面（2）；3~5.合蕊柱及药帽的侧面（3）、正面（4）、背面（5）；6.花粉团正面；7~8.药帽的正面（7）、侧面（8）。缩写：a=花药；c=合蕊柱；cf=蕊柱足；ct=蕊柱齿；ds=中萼片；lip=唇瓣；ls=侧萼片；m=萼囊；o=子房；pe=花瓣；st=柱头腔。

八、石斛组 Sect. *Dendrobium* Lindl.

　　茎通常粗壮，肉质或稍带肉质，圆柱形或节间有时肿大，干后常具纵条棱。叶片具上下面，基部下延为抱茎的鞘。花大，萼片与花瓣分别长1cm以上，唇瓣不裂或不明显3裂。

　　我国有36种和2变种，本文收录35种。除串珠石斛和肿节石斛仅附植株图外，其余33种均详细记录了花形态解剖特征。

分 种 检 索 表

36.唇瓣基部较平整；花药帽顶端平整。·································· 60.报春石斛D. polyanthum

36.唇瓣基部内拢呈管状；花药帽顶端具明显凹陷。·················· 26.兜唇石斛D. aphyllum

37.唇瓣长披针形；具黄绿色斑块。····························· 66.广东石斛D. wilsonii

37.唇瓣近圆形；唇瓣中下部为橘黄色或黄绿色。·························（38）

38.唇瓣中下部橘黄色；花药帽光滑，无晶状体。··············· 32.玫瑰石斛D. crepidatum

38.唇瓣中下部黄绿色，花药帽密布晶状体。·····························（39）

39.花药帽密布长乳突状的晶状体。···················· 33.晶帽石斛D. crystallinum

39.花药帽密布方晶体状颗粒。························· 64.王亮石斛D. wangliangii

26. 兜唇石斛 *Dendrobium aphyllum*（Roxb.）C. E. C. Fisch.

别名：天宫石斛。

植株形态：茎为细圆柱形，下垂且不分枝；叶纸质，2列互生于整个茎上，披针形或卵状披针形，先端渐尖，基部具鞘；叶鞘纸质，干后浅白色。总状花序从落叶或具叶的老茎上发出，几乎无花序轴，每1~3朵花为一束；花梗和子房暗褐色带绿色。（图3-26A）

花形态解剖特征：花形雅致，花冠呈喇叭状，萼片和花瓣浅紫红色。中萼片近披针形，先端近锐尖；侧萼片相似于中萼片先端急尖；花瓣椭圆形，全缘，明显宽于萼片；萼囊狭圆锥形，末端钝；唇瓣宽倒卵形，两侧向上围抱蕊柱而形成喇叭状，中部以上部分为淡黄色，中部以下部分为浅粉红色，边缘具不整齐的细齿，两面密布短柔毛（图3-26B：1、2）。蕊柱白色，其前面两侧具紫红色条纹；花药两侧具2个明显的蕊柱齿，在蕊柱正面和两侧具紫红色条纹，且蕊柱足上的紫色条纹更密集（图3-26B：3~8）；具4枚蜡质花粉团，呈近心形（图3-26B：6、7）。药帽白色，中部带浅紫色，近圆锥状，顶端稍凹缺，密布细乳突状毛，前端边缘宽凹缺（图3-26B：6~8、11）。

地理分布：产于广西西北部、贵州西南部、云南东南部至西部。国外分布于印度、尼泊尔、不丹、缅甸、老挝、越南、马来西亚。模式标本采自印度。

物候期：花期3—4月。

用途：药用、观赏，为优良园艺品种的亲本。

近似种：本种与报春石斛D. polyanthum较为相似，但后者的花色粉红，唇瓣白色，长盔状花药帽顶端平整，背部具狭沟，花粉团4枚呈长圆形。

图3-26A　兜唇石斛Dendrobium aphyllum

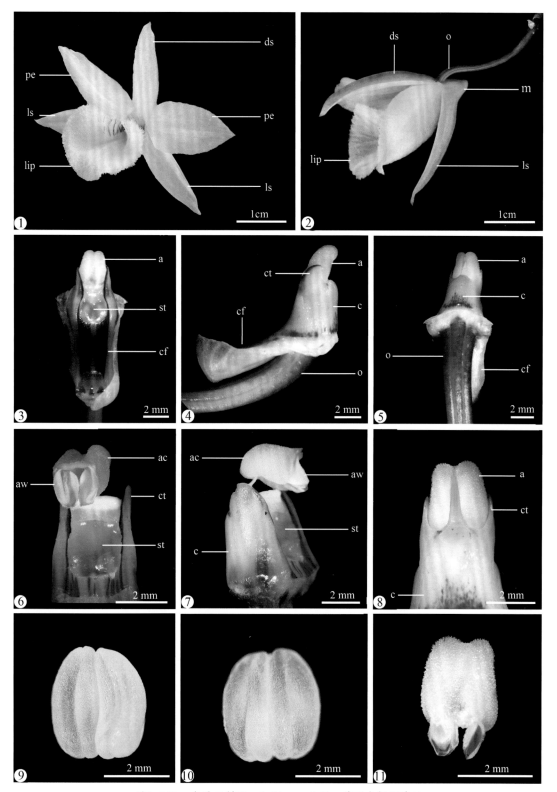

图3-26B　兜唇石斛*Dendrobium aphyllum*花形态解剖特征

1~2.花的正面（1）、侧面（2）；3~5.蕊柱及蕊柱足的正面（3）、侧面（4）、背面（5）；6~8.蕊柱及药帽的正面（6）、侧面（7）、背面（8）；9~10.花粉团正面（9）、背面（10）；11.花药帽的正面。缩写：a=花药；ac=花药帽；aw=花药壁；c=合蕊柱；cf=蕊柱足；ct=蕊柱齿；ds=中萼片；lip=唇瓣；ls=侧萼片；m=萼囊；o=子房；pe=花瓣；st=柱头腔。

27. 长苏石斛 *Dendrobium brymerianum* Rchb. f.

别名：纯唇石斛。

植株形态：茎直立或斜举，不分枝，具数个节，干后淡黄色带污黑色，稍具纵条棱。叶薄革质，常3~5枚互生于茎的上部，狭长圆形，先端渐尖，基部稍收狭并具抱茎的鞘。总状花序侧生于去年生无叶的茎上端，近直立，具1~2朵花；花序柄基部具4~5枚鞘；花苞片膜质，卵状披针形，先端近钝。（图3-27A）

图3-27A 长苏石斛*Dendrobium brymerianum*

花形态解剖特征：花质地厚，蜡质金黄色，开展，唇瓣前端的长流苏较为特别。中萼片长圆状披针形，先端钝；侧萼片近披针形，先端锐尖，基部歪斜；萼囊短钝。花瓣长圆形，先端钝，全缘；唇瓣卵状三角形，先端稍钝，上面密布短绒毛，中部以下边缘具短流苏，中部以上（尤其先端）边缘具长而分枝的流苏，先端的流苏比唇瓣长（图3-27B：1、2）。合蕊柱、蕊柱足和花药帽均为金黄色，侧蕊柱齿不明显，背蕊柱齿发达，浅黄色，紧贴花药帽背部（图3-27B：3~5）。花粉团棒状，蜡质金黄色，4枚轮廓呈长圆形（图3-27B：6）。花药帽黄色，中上部收狭，呈秃圆锥形，具沟槽，密布细乳突（图3-27B：7、8）。

地理分布：我国产于云南东南部至西南部（屏边、勐腊、勐海、镇康）。泰国、缅甸、老挝也有分布。生于海拔1 100~1 900m的山地林缘树干上。

物候期：花期6—7月。

近似种：本种与苏瓣石斛*D. harveyanum*较相似，唇瓣皆具流苏状睫毛，但后者的花萼和侧花瓣也具长流苏状毛，合蕊柱和蕊柱足浅黄色，具蕊柱齿，花药帽长圆形盔状，白色。

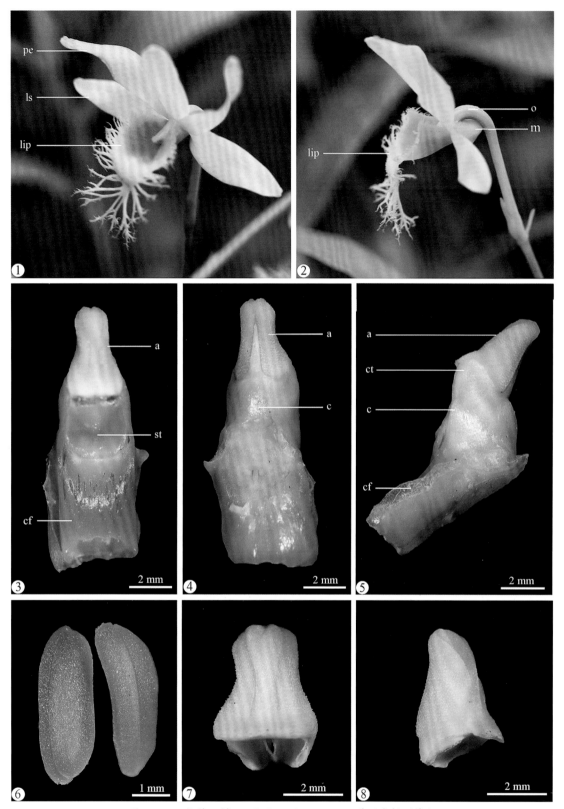

图3-27B　长苏石斛Dendrobium brymerianum花形态解剖特征

1~2.花的正面（1）、侧面（2）；3~5.合蕊柱及药帽的正面（3）、背面（4）、侧面（5）；6.4枚蜡质花粉团，示两两一对；7~8.药帽的正面（7）、侧面（8）。缩写：a＝花药；c＝合蕊柱；cf＝蕊柱足；ds＝中萼片；lip＝唇瓣；ls＝侧萼片；m＝萼囊；o＝子房；pe＝花瓣；st＝柱头腔。

28. 短棒石斛 *Dendrobium capillipes* Rchb. f.

别名：丝梗石斛。

植株形态：茎肉质状，近扁的纺锤形，长8～15cm，中部粗约1.5cm，不分枝，具多数钝的纵条棱和少数节间。叶2～4枚近茎端着生，革质，狭长圆形，通常长10～12cm，宽1～1.5cm，先端稍钝并且具斜凹缺，基部扩大为抱茎的鞘。总状花序通常从落了叶的老茎中部发出，近直立，疏生2至数朵花；花序柄基部被2～3枚膜质鞘；花苞片浅白色，小，卵形，先端锐尖；花梗和子房淡黄绿色。（图3-28A）

图3-28A　短棒石斛*Dendrobium capillipes*

花形态解剖特征：花金黄色，质地薄，开展，唇瓣基部为深黄色。中萼片卵状披针形，先端急尖；侧萼片与中萼片近等大；萼囊近长圆形，末端圆钝。花瓣卵状椭圆形，先端稍钝；唇瓣的颜色比萼片和花瓣深，近肾形先端微凹，基部两侧围抱蕊柱并且两侧具紫红色条纹，边缘波状（图3-28B：1～3）。花药帽、合蕊柱和蕊柱皆为金黄色，背部蕊柱齿明显，但不及花药帽高；蕊柱足向下收狭，正面具稀疏棕色细条纹（图3-28B：4～6）。花粉团4枚，蜡质金黄色（图3-28B：7）。花药帽细长，呈狭圆锥形长盔帽状，或稍为塔状，正面光滑平整，背部具明显宽凹槽，底部光滑无绒毛。（图3-28B：8）

地理分布：产于云南南部（勐腊、景洪、勐海、思茅、关坪）。生于海拔900～1 450m的常绿阔叶林内树干上。国外分布于印度东北部、缅甸、泰国、老挝、越南。模式标本采自缅甸。

物候期：花期3—5月。

用途：观赏、药用。

近似种：该种酷似聚石斛*D. lindleyi*，但后者的花药帽黄绿色、半盔帽形，背部具深沟槽。

图3-28B 短棒石斛*Dendrobium capillipes*花形态解剖特征

1~3.花的正面（1）、侧面（2）、背面（3）；4~5.合蕊柱及药帽的正面（4）、侧面（5）；6.合蕊柱及药帽的放大图；7.4枚蜡质花粉团；8.药帽的背面。缩写：a=花药；c=合蕊柱；cf=蕊柱足；ct=蕊柱齿；ds=中萼片；lip=唇瓣；ls=侧萼片；m=萼囊；o=子房；pe=花瓣；st=柱头腔。

29. 束花石斛 *Dendrobium chrysanthum* Wall. ex Lindl.

别名：金兰。

植株形态：大型附生植物，茎圆柱形，下垂或弯垂，不分枝，具多节，干后浅黄色或黄褐色。叶纸质，2列互生于整个茎上，长圆状披针形，先端渐尖，基部具鞘；叶鞘纸质，干后常浅白色。花序近无花序柄，每2~6朵花簇生为一束，侧生于具叶的茎上部。花朵蜡质金黄色，唇瓣上具一对黑色斑块，花梗和子房稍扁，绿色，花苞片膜质，卵状三角形。（图3-29A）

花形态解剖特征：开放花黄色，质地厚，为蜡质金黄色，花色鲜艳。中萼片和侧萼片狭卵状披针形，先端钝；萼囊不明显，突起宽而钝。花瓣倒卵形，先端近圆形或截平。唇瓣肾形或横长圆形，边缘具分叉的长绒毛，表面密布短毛；唇盘两侧各具1个栗色斑块（图3-29B：1、2）。蕊柱和蕊柱足均为黄色，合蕊柱和蕊柱足呈钝角，蕊喙白色肉质，呈带状；柱头腔长，较浅；蕊柱足两侧具一条板栗色线条（图3-29B：3、4）。花粉团金黄色蜡质，棒状，4枚的轮廓为近心形（图3-29B：5）。花药帽黄色，光滑蜡质，正面具一条带状突起，呈三浅裂；背面具一渐宽的沟槽；顶部突起呈圆锥形，基部近截平，光滑无绒毛，前端边缘近全缘（图3-29B：6、7）。

地理分布：分布于广西、贵州、云南东南部至西藏东南部；亚洲热带其他地区也有。通常附生于海拔700~2 500m的山地密林树干上或山谷阴湿的岩石上。

物候期：花期9—10月。

用途：药用、观赏。

图3-29A　束花石斛*Dendrobium chrysanthum*

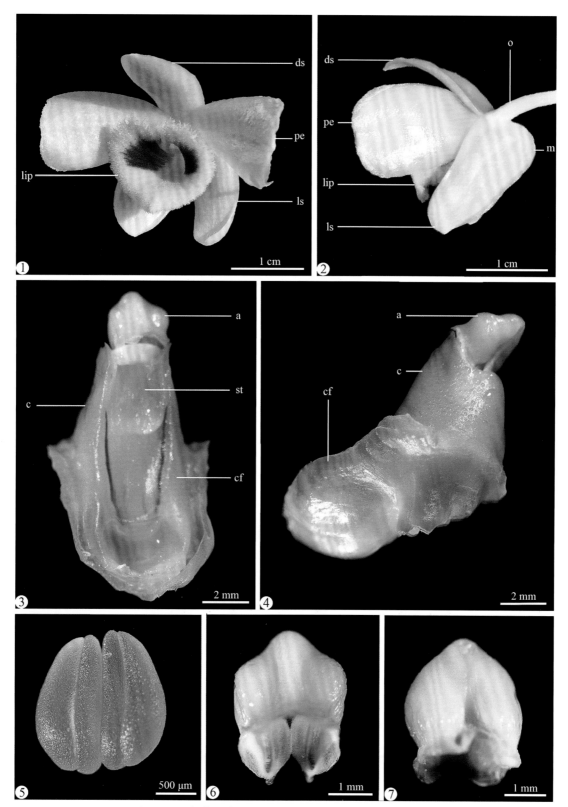

图3-29B 束花石斛*Dendrobium chrysanthum*花形态解剖特征

1~2.花的正面（1）、侧面（2）；3~4.去掉子房的合蕊柱及药帽的正面（3）、侧面（4）；5.花粉团正面；6~7.药帽的正面（6）、背面（7）。缩写：a＝花药；c＝合蕊柱；cf＝蕊柱足；ds＝中萼片；lip＝唇瓣；ls＝侧萼片；m＝萼囊；o＝子房；pe＝花瓣；st＝柱头腔。

30. 线叶石斛 *Dendrobium chryseum* Rolfe

植株形态：茎纤细，圆柱形，不分枝，具多数节；节间干后淡黄色或黄褐色。叶革质，线形或狭披针形，先端钝并且微凹或有时近锐尖而一侧稍钩转，基部具鞘；叶鞘紧抱于茎。总状花序侧生于去年生落了叶的茎上端，通常1~2朵花；花序柄近直立，基部套叠3~4枚鞘；鞘纸质，浅白色，杯状或筒状，基部的较短，向上逐渐变长；花苞片膜质，浅白色，舟状，先端钝。（图3-30A）

花形态解剖特征：花金黄色，质地较厚，具光泽；中萼片长圆状椭圆形；侧萼片长圆形，等长于中萼片而稍较狭，先端钝，基部稍歪斜；萼囊圆锥形；花瓣椭圆形或宽椭圆状倒卵形；唇瓣近圆形，边缘具波浪状起伏，基部两侧围抱蕊柱呈浅喇叭状，上面密布绒毛，唇盘无任何斑块（图3-30B：1、2）。合蕊柱和蕊柱足皆为黄色，蕊柱足正面具棕褐色纵条纹（图3-30B：3）。花药帽黄色，两端截平，近长矩形，顶部具有3浅裂，表面光滑无乳突，正面具2浅沟槽，背面有1纵沟槽（图3-30B：4、5）。花粉团黄色，长约5mm，4枚轮廓呈长圆形（图3-30B：6）。

地理分布：产于台湾（台北、桃园、南投、新竹、宜兰、花莲、台东等地）、四川中南部（峨眉山、峨边）、云南东南部至西北部（蒙自、文山、勐海、腾冲、怒江和独龙江流域一带）。生于海拔2 600m的高山阔叶林中树干上。分布于印度东北部、缅甸。模式标本采自印度（阿萨姆）。

物候期：花期5—6月。

用途：观赏兼药用。

近似种：本种与细叶石斛*D. hancockii*在株形和花色上较为相似，但后者的唇瓣三浅裂，花药帽尖圆锥形，具两条明显凹槽。

图3-30A　线叶石斛*Dendrobium chryseum*

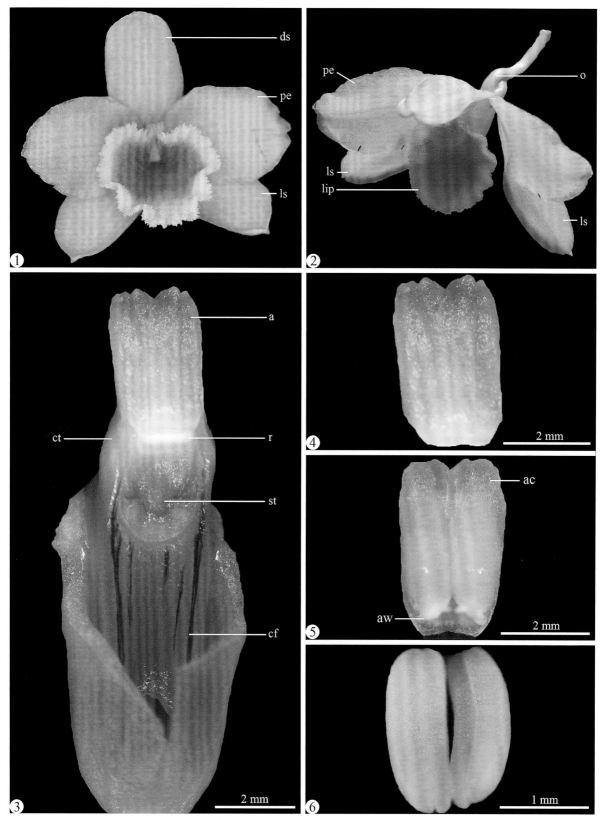

图3-30B 线叶石斛*Dendrobium chryseum*花形态解剖特征

1~2.花的正面（1）、侧面（2）；3.蕊柱及蕊柱足（3）；4~5.花药帽正面（4）和背面（5）；6.花粉团正面。缩写：a＝花药；cf＝蕊柱足；ct＝蕊柱齿；ds＝中萼片；lip＝唇瓣；ls＝侧萼片；o＝子房；pe＝花瓣；r＝蕊喙；st＝柱头腔。

31. 杓唇扁石斛 *Dendrobium chrysocrepis* C. S. P. Parish & Rchb. f. ex Hook. f.

别名：勐腊石斛。

植株形态：附生于岩石上的草本。茎丛生，弯曲，节间长2.5cm，中间收缩，并扩张到一个狭窄的椭圆扁平叶假鳞茎。叶子由茎顶端发出，近椭圆状披针形，先端渐尖。花序从茎的近先端的节上发出，基部具管状鞘。花单生，从无叶的老茎中发出。（图3-31A）

图3-31A　杓唇扁石斛*Dendrobium chrysocrepis*

花形态解剖特征：花金黄色，唇瓣橙黄色。子房和花梗小而纤细。背侧萼片凹，倒卵圆形至楔形，侧萼片斜椭圆形到椭圆形；花瓣匙状，先端圆形。唇瓣匙形或拖鞋状，通过一个活动的关节与蕊柱足连接，里面密被卷曲的淡红色绒毛（图3-31B：1~4）。合蕊柱短，正面具绒毛，蕊柱足黄色长7~8mm（图3-31B：5~7）。花粉团4枚，光滑蜡质，金黄色（图3-31B：8~10）；花药帽浅黄色，无毛（图3-31B：11）。

地理分布：国内分布于云南南部，附生于季雨林树干和岩石上；国外分布于缅甸、印度。

物候期：花期3—5月。

用途：观赏。

近似种：本种与杓唇石斛*D. moschatum*较为相似，皆具囊状唇瓣，但后者的唇瓣为浅黄褐色，且密布绒毛。

备注：本种拉丁学名的种加词"*chrysocrepis*"意为"金黄色的拖鞋"，指其金黄色的唇瓣特化为拖鞋状的特征。本种的花形在属内较为独特，其橙黄色囊状唇瓣，形似杓兰属的唇瓣，因故得名：杓唇扁石斛。

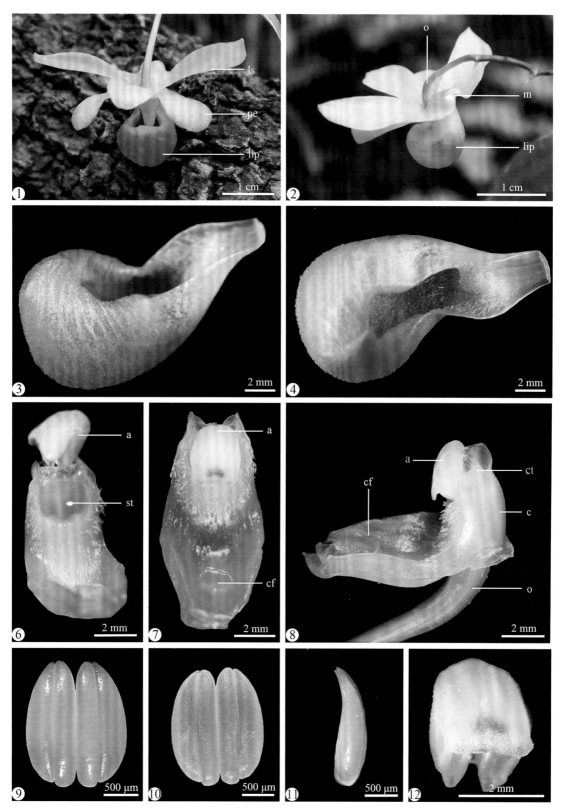

图3-31B　杓唇扁石斛*Dendrobium chrysocrepis*花形态解剖特征

1～2.花的正面（1）和侧面（2）；3～4.唇瓣的侧面和近正面；5～7.合蕊柱的正面（5）、近极面（6）和侧面（7）；8～10.4枚花粉团的背面（8）、正面（9）和单枚花粉团（10）；11.药帽的正面。缩写：a＝花药；c＝合蕊柱；cf＝蕊柱足；ct＝蕊柱齿；ds＝中萼片；lip＝唇瓣；ls＝侧萼片；m＝萼囊；o＝子房；pe＝花瓣；st＝柱头腔。

32. 玫瑰石斛 *Dendrobium crepidatum* Lindl. & Paxton

植株形态：多年生附生草本，茎悬垂，肉质肥厚，青绿色，圆柱形，通常长30～40cm，粗约1cm，基部稍收狭，不分枝，具多节，节间长3～4cm，被绿色和白色条纹的鞘，干后紫铜色。叶近革质，狭披针形，先端渐尖，基部具抱茎的膜质鞘。总状花序较短，从落了叶的老茎上部发出，具1～4朵花；花序柄长约3mm，基部被3～4枚干膜质的鞘；花苞片卵形，先端锐尖；花梗和子房紫红色。（图3-32A）

图3-32A　玫瑰石斛*Dendrobium crepidatum*

花形态解剖特征：花质地厚，开展；萼片和花瓣浅粉色，先端淡紫色，干后蜡质状。中萼片近椭圆形，先端钝；侧萼片卵状长圆形，与中萼片近等大，先端钝，基部企斜，在背面其中肋梢龙骨状隆起。萼囊突起明显，短粗为圆柱形。花瓣宽倒卵形；唇瓣中部以上淡紫红色，中部以下金黄色，近圆形或宽倒卵形，长约等于宽，中部以下两侧围抱蕊柱，上面密布短柔毛（图3-32B：1、2）。合蕊柱白色，蕊柱齿不明显；蕊柱足正面白色，其余部位浅紫色，正面带明显的紫色粗条纹，合蕊柱和蕊柱足构成一弧线（图3-32B：3、4）。花粉团金黄色蜡质，4枚呈长心形（图3-32B：5、6）。药帽白色，近圆锥形，顶端收狭而向前弯（图3-32B：3、4），内部花药壁残留明显（图3-32B：7）。

地理分布：产于云南南部至西南部、贵州西南部。生于海拔1 000～1 800m的山地疏林中树干上或山谷岩石上。国外分布于印度、尼泊尔、不丹、缅甸、泰国、老挝、越南。模式标本采自印度东北部。

物候期：花期3—4月。

用途：观赏、药用。

近似种：本种与兜唇石斛*D. aphyllum*较相似，但后者的茎秆较细，花径较长，唇瓣基部围拢呈浅喇叭状，花药帽浅白色，上下两端截平，背部具深沟槽。

图3-32B　玫瑰石斛*Dendrobium crepidatum*花形态解剖特征

1~2.花的正面（1）和侧面（2）；3~4.合蕊柱的正面（3）、侧面（4）；5~6.4枚花粉团的背面（5）和正面（6）；7.花药帽底面。缩写：a＝花药帽；c＝合蕊柱；cf＝蕊柱足；ds＝中萼片；lip＝唇瓣；ls＝侧萼片；m＝萼囊；o＝子房；pe＝花瓣；st＝柱头腔。

33. 晶帽石斛 *Dendrobium crystallinum* Rchb. f.

植株形态：大型附生兰，茎直立或斜立，稍肉质，圆柱形，长60～70cm，粗5～7mm，不分枝，具多节，节间长3～4cm。叶纸质，长圆状披针形，先端长渐尖，基部具抱茎的鞘，具数条两面隆起的脉。总状花序数个，出自去年生落了叶的老茎上部，具1～2朵花；花序柄短，基部被3～4枚长3～5mm的鞘；花苞片浅白色，膜质，长圆形，长1～1.5cm，先端锐尖；花梗和子房浅绿色，长3～4cm。（图3-33A）

花形态解剖特征：花大，开展，花色艳丽。萼片和花瓣乳白色，先端紫红色，边缘不平整，微卷。中萼片狭长圆状披针形，先端渐尖；侧萼片相似于中萼片，等大，先端渐尖，基部稍歪斜。萼囊

图3-33A　晶帽石斛*Dendrobium crystallinum*

小，长圆锥形。花瓣长圆形，先端急尖，边缘稍波状。唇瓣橘黄色，上部紫红色，近圆形，全缘，两面密被短绒毛（图3-33B：1、2）。合蕊柱和蕊柱足均为浅绿色；侧蕊柱齿不明显，背蕊柱齿白色，细长三角形；蕊喙白色，肉质片状；柱头腔绿色；蕊柱足正面带紫色粗条纹（图3-33B：3～5）。花粉团浅黄色，蜡质（图3-33B：6）。花药帽白色，呈长圆锥形盔帽状；表面密布白色晶体状长乳突状的长柔毛；底部截平，上部圆锥形，正面和背面平整，沟槽不明显（图3-33B：7、8）。

地理分布：产于云南南部。生于海拔540～1 700m的山地林缘或疏林中树干上。国外分布于缅甸、泰国、老挝、柬埔寨、越南。模式标本采自缅甸。

物候期：花期5—7月，果期7—8月。

用途：观赏、药用。

近似种：本种与棒节石斛*D. findlayanum*在花形上较为相似，但后者的唇瓣基部为黄色，且花药帽为半圆形盔状，具细刺状短乳突。

备注：本种的拉丁学名种加词"*crystallinum*"意为水晶的、晶体的，指其花药帽上的晶状体较为发达。

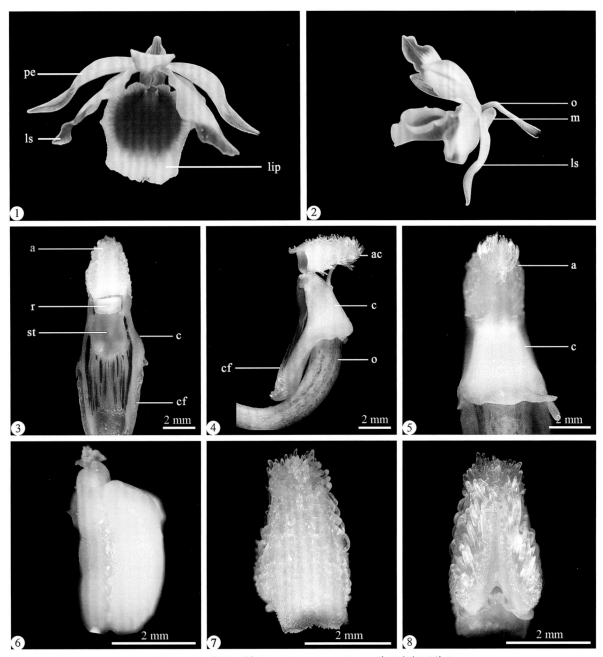

图3-33B　晶帽石斛*Dendrobium crystallinum*花形态解剖特征

1~2.花的正面（1）和侧面（2）；3~5.合蕊柱的正面（3）、侧面（4）和背面（5）；6.其中花粉团一对；7~8.药帽的正面（7）和背面（8）。缩写：a=花药；ac=药帽；c=合蕊柱；cf=蕊柱足；lip=唇瓣；ls=侧萼片；m=萼囊；o=子房；pe=花瓣；r=蕊喙；st=柱头腔。

34. 叠鞘石斛 *Dendrobium denneanum* Kerr

别名：紫斑金兰。

植株形态：大型附生兰，茎秆粗壮，茎粗4mm以上。叶长披针形，花序生于无叶片的茎秆近顶部，或老茎上，约有7朵花以上，苞片明显，膜质。花大色艳，径约5cm，橘黄色，唇瓣上面具一个大的紫色斑块。（图3-34A）

花形态解剖特征：花金黄色，舒展（图3-34B：1）。中萼片椭圆形，先端圆钝；侧萼片斜椭圆形，比中萼片稍长，但较窄，先端钝。萼囊突起较粗，近长球形。花瓣椭圆形，先端圆钝，边不整齐，浅波状。唇瓣不裂，倒卵形，基部楔形而围抱合蕊柱，前端边缘具不整齐的细齿，上部和边缘具明显的短绒毛（图3-34B：1、2）。合蕊柱和蕊柱足均为浅黄色，几处于同一直线上；蕊柱齿不明显，柱头腔浅黄色，蕊喙肉质白色；蕊柱足两侧各具一条细栗色条纹（图3-34B：3~5）。花粉团金黄色蜡质，长棒状，4枚（图3-34B：7、8）。花药帽黄色，近长球形盔帽状，表面光滑，正面几平整，背部具一深沟槽（3-34B：6）。

地理分布：产于广西西部、贵州南部、海南、云南西北和东南部。国外分布于印度、老挝，缅甸、尼泊尔、泰国和越南。生于海拔600~2 500m的开阔林下。

物候期：花期6月，果期7—8月。

用途：观赏。

近似种：本种曾被认为是线叶石斛的变种*D. aurantiacum* var. *denneanum*，但植株粗壮，唇瓣圆形且具黑色斑块而与后者相区别。本书记录了该种的花药帽平滑、蕊柱足长且平行于子房等特征，与后者区别明显。

图3-34A　叠鞘石斛*Dendrobium denneanum*

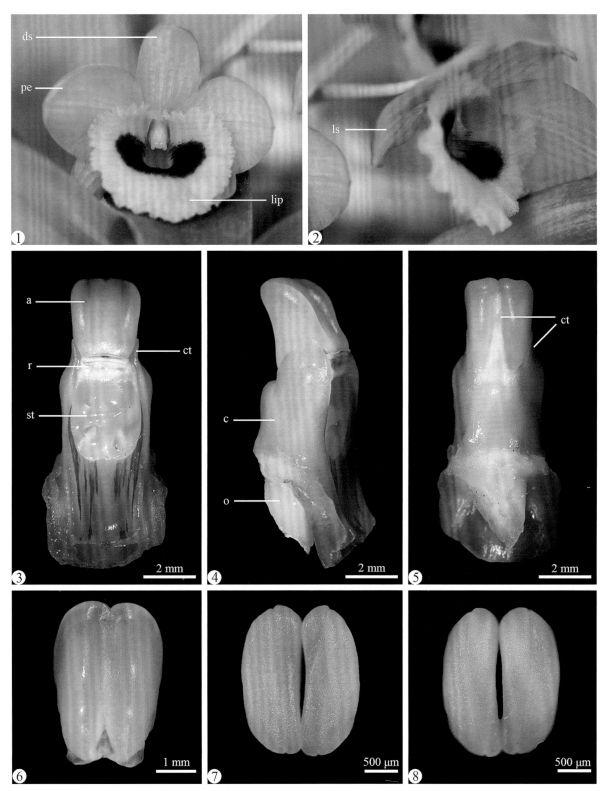

图3-34B　叠鞘石斛*Dendrobium denneanum*花形态解剖特征

1~2.花的正面（1）和侧面（2）；3~5.合蕊柱的正面（3）、侧面（4）和背面（5）；6.花药帽的背面；7~8.花粉团的正面（7）和背面（8）。缩写：a＝花药；c＝合蕊柱；ct＝蕊柱齿；ds＝中萼片；lip＝唇瓣；ls＝侧萼片；o＝子房；pe＝花瓣；r＝蕊喙；st＝柱头腔。

35. 齿瓣石斛 *Dendrobium devonianum* Paxton

植株形态：大型附生兰，茎下垂，稍肉质，细圆柱形，长50~70（~100）cm，粗3~5mm，不分枝，具多数节，节间长2.5~4cm，干后常淡褐色带污黑色。叶纸质，2列互生于整个茎上，狭卵状披针形，先端长渐尖，基部具抱茎的鞘；叶鞘常具紫红色斑点，干后纸质。总状花序常数个，出自落了叶的老茎上，每个具1~2朵花；花序柄绿色，基部具2~3枚干膜质的鞘；花苞片膜质，卵形，先端近锐尖；花梗和子房绿色带褐色。（图3-35A）

花形态解剖特征：花被片白色，顶部为紫粉色晕，质地薄。中萼片卵状披针形，先端急尖；侧萼片基部稍歪斜；萼囊粗短近长球形。花瓣长卵形，先端近急尖，基部收狭为短爪，边缘具短流苏。唇瓣阔圆形，边缘具复式流苏，上面密布短毛；唇盘两侧各具1个黄色斑块（图3-35B：1、2）。合蕊柱和蕊柱足白色带浅紫色条纹；蕊喙肉质，较厚；柱头腔白色；蕊柱齿短，不明显。花药帽白色，上下端近截平，近方形盔帽状，顶端中央浅凹，两侧突起呈角状，密布细晶体状颗粒乳突（图3-35B：3~5）。花粉团金黄色蜡质，4枚呈心形，单枚为水滴形棒状（图3-35B：6、7）。

地理分布：产于广西西北部、贵州西南部、云南东南部至西部、西藏东南部。生于海拔1 850m的山地密林中树干上。国外分布于不丹、印度东北部、缅甸、泰国、越南。模式标本采自印度东北部。

物候期：花期4—5月。

用途：药用兼观赏，药材又称"紫皮枫斗"。

近似种：本种唇瓣边缘流苏状与流苏石斛*D. fimbriatum*相似，但后者为黄花，唇瓣基部具黑色圆形大斑块。本种也与报春石斛*D.polyanthum*形似，但后者唇盘黄色，唇瓣边缘无流苏。

图3-35A　齿瓣石斛*Dendrobium devonianum*

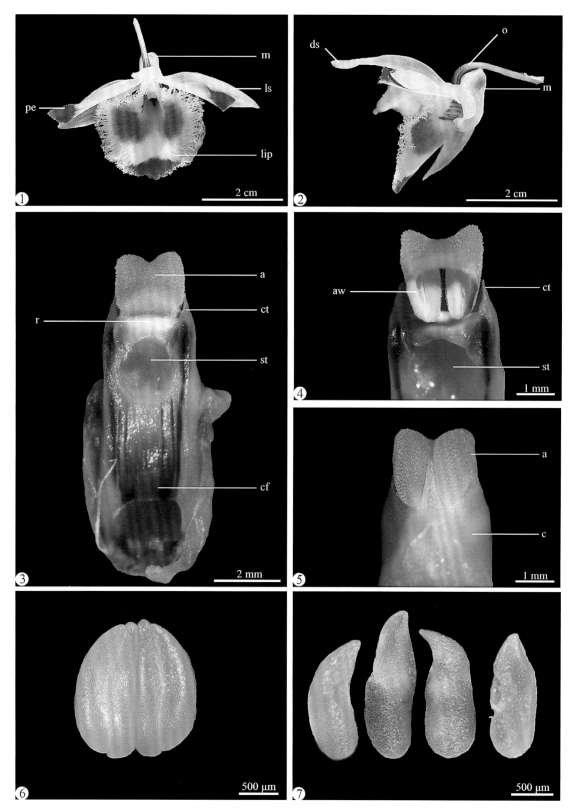

图3-35B 齿瓣石斛*Dendrobium devonianum*花形态解剖特征

1～2.花的正面（1）和侧面（2）；3～5.合蕊柱的正面（3、4）和背面（5）；6～7.4枚花粉团。缩写：a＝花药；aw＝花药壁；c＝合蕊柱；cf＝蕊柱足；ct＝蕊柱齿；ds＝中萼片；lip＝唇瓣；ls＝侧萼片；m＝萼囊；o＝子房；r＝蕊喙；st＝柱头腔。

36. 黄花石斛 *Dendrobium dixanthum* Rchb. f.

植株形态：茎直立或下垂，细圆柱形，不分枝，具多节，节间长2.5～3cm，干后淡黄色，具多数纵条棱。叶革质，卵状披针形，先端长渐尖，基部具抱茎的鞘。总状花序常2～4个，从上年生的落叶茎秆上发出，2～5朵花簇生。花序柄纤细，长不及5cm，基部被2～3枚短的膜质鞘；花苞片膜质，卵形，先端锐尖。花梗和子房纤细，淡绿色。（图3-36A）

图3-36A 黄花石斛*Dendrobium dixanthum*

花形态解剖特征：花纯黄色，开展，质地薄。中萼片长圆状披针形，先端急尖；侧萼片与中萼片相似，等大，基部梢企斜；萼囊近圆筒形。化瓣近长圆形，先端急尖，基部收狭，边缘具不规则的细齿；唇瓣深黄色，近圆形，先端凹缺，边缘具啮蚀状细齿，上面密布短毛（图3-36B：1、2）。合蕊柱和蕊柱足浅黄色，两者构成一弧形；侧蕊柱齿不明显，背蕊柱齿细长锐尖；蕊喙白色肉质；柱头腔黄色圆形；蕊柱足扁宽微凹弯曲，正面具5～6条稀疏栗色条纹（图3-36B：3～5）。花药帽绿黄色，圆锥形，顶端钝，基部微凹；表面光滑；正面中央微凸起，背面具一宽沟槽（图3-36B：6、7）。花粉团蜡质金黄色，单枚长棒状，4枚轮廓为长圆形（图3-36B：8、9）。

地理分布：产于云南南部（勐腊、景洪、思茅）。生于海拔800～1 200m的山地林中树干上。国外分布于缅甸、泰国、老挝。模式标本采自缅甸。

物候期：花期3月。

用途：本种为著名的四大石斛药材之一，又称为"黄草"，颇具药用兼观赏价值。

近似种：本种花形与聚石斛*D. lindleyi*较相似，均具纯黄色花朵，唇瓣倒卵形或近圆形，不裂；合蕊柱和蕊柱足皆为黄绿色，但后者的花色浅黄，蕊喙黄褐色，花药帽长盔帽状。

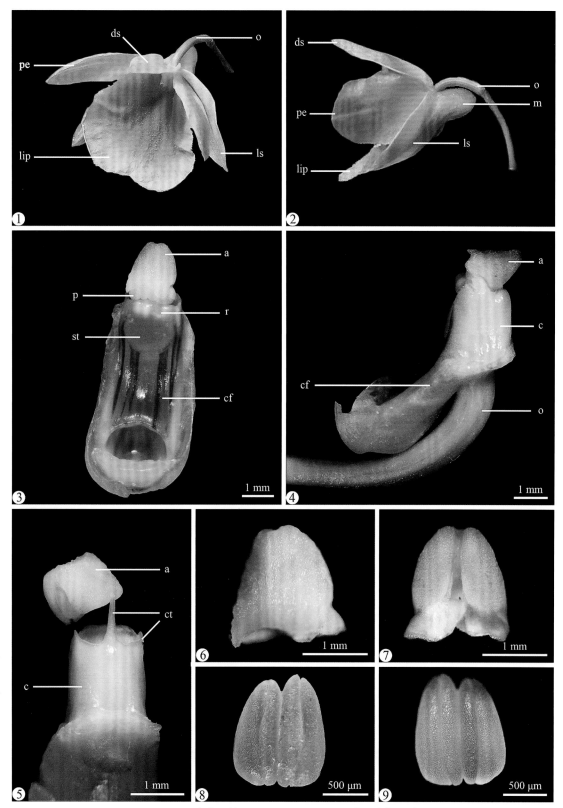

图3-36B 黄花石斛*Dendrobium dixanthum*花形态解剖特征

1~2.花的正面（1）和侧面（2）；3~5.合蕊柱的正面（3）、侧面（4）和背面（5）；6~7.花药帽的正面（6）和背面（7）；8~9.4枚花粉团的正面（8）与背面（9）。缩写：a=花药；c=合蕊柱；cf=蕊柱足；ct=蕊柱齿；ds=中萼片；lip=唇瓣；ls=侧萼片；m=萼囊；o=子房；p=花粉团；pe=花瓣；r=蕊喙；st=柱头腔。

37. 串珠石斛 *Dendrobium falconeri* Hook.

别名：新竹石斛、红鹏石斛。

植株形态：茎悬垂，肉质，细圆柱形，近中部或中部以上的节间常膨大，多分枝，在分枝的节上通常肿大而成念珠状，主茎节间较长，分枝节间长约1cm，干后褐黄色，有时带污黑色。叶薄革质，常2~5枚，互生于分枝的上部，狭披针形，先端钝或锐尖而稍钩转，基部具鞘；叶鞘纸质，通常水红色，筒状。总状花序侧生，常减退成单朵；花序柄纤细，基部具1~2枚膜质筒状鞘；花苞片白色，膜质，卵形；花梗绿色与浅黄绿色，带紫红色斑点的子房纤细。花大，开展，质地薄，花色艳丽。萼片和花瓣白色，先端紫红色，萼片为狭披针形，萼囊近球形；花瓣卵状披针形，主脉明显。唇瓣卵状菱形，边缘不整齐，具细齿，白色，先端紫红色，基部两侧黄色，中央具紫色斑块构成唇盘，上面密布短毛。（图3-37A、图3-37B）

地理分布：产于湖南东南部（资兴）、台湾（苗栗至嘉义一带）、广西东北部（临桂、灵川）、云南东南部至西部（石屏、绿春、景洪、腾冲、龙陵、盈江、镇康）。生于海拔800~1 900m的山谷岩石上和山地密林中树干上。不丹、印度东北部、缅甸、泰国也有。模式标本采自不丹。

物候期：花期5—6月。

用途：药用兼观赏。

近似种：本种在花形花色上近于金钗石斛*D. nobile*，但后者的茎秆节间较长，无明显膨大呈串珠状的茎节。

图3-37A 串珠石斛*Dendrobium falconeri*

图3-37B　串珠石斛*Dendrobium falconeri*

38. 梵净山石斛 *Dendrobium fanjingshanense* Z. H. Tsi ex X. H. Jin & Y. W. Zhang

植株形态：附生草本；茎丛生，节间长1~1.5cm。叶5~6枚生于茎的上部，近革质，距圆状披针形，先端稍钝，并且稍有钩转，基部具抱茎的鞘；鞘筒状，膜质。花序侧生于上年已经落叶的茎上部，具1~2朵花；花序梗基部具3~4枚膜质的鞘；花苞片卵状三角形，具紫褐色的斑块。（图3-38A）

图3-38A　梵净山石斛*Dendrobium fanjingshanense*

花形态解剖特征：花开展，花被片反卷而边缘稍成波状，橙黄色。中萼片长圆形，先端近钝尖；侧萼片为稍斜卵状披针形，与中萼片等长，但稍窄，先端近钝，基部与蕊柱足形成萼囊；萼囊倒圆锥状，末端钝；花瓣近椭圆形，先端近钝（图3-38B：1、2）；唇瓣橙黄色，下部具1块大的扇形斑块，其上密布短绒毛，不明显3裂；侧裂片近半圆形，上举，在基部具1条淡黄色胼胝体；中裂片卵形，先端近钝而下弯，上面具1条隆起的脊突，无毛（图3-38B：3、4）。合蕊柱乳白色，蕊柱足橙黄色，内侧具紫色条纹，无毛（图3-38B：5~7）。花粉团4枚（图3-38B：8、9）。花药帽乳白色，长圆形盔状，近光滑（图3-38B：10、11）。

地理分布：模式标本采自贵州梵净山，浙江九龙山也有分布。

近似种：本种与广东石斛*D. wilsonii*较为相似，区别在于本种的花黄色或橙黄色，花被片反卷，唇瓣中裂片下部紫红色。

备注：本种因花色独特，已被用作观赏石斛园艺品种的杂交亲本。

图3-38B 梵净山石斛*Dendrobium fanjingshanense*的花形态解剖特征

1~2.花的正面（1）和侧面（2）；3~4.唇瓣的侧面（3）和正面（4）；5~6.合蕊柱的正面（5）、侧面（6）；7.合蕊柱正面放大图；8~9.4枚花粉团整体正面（8）和分散的花粉团（9）；10~11.花药帽的正面（10）和背面（11）。缩写：a=花药；cf=蕊柱足；ds=中萼片；lip=唇瓣；ls=侧萼片；m=萼囊；o=子房；pe=花瓣；st=柱头腔。

39. 流苏石斛 *Dendrobium fimbriatum* Hook.

植株形态： 大型附生兰，茎粗壮，斜立或下垂，质地硬，圆柱形或有时基部上方稍呈纺锤形，不分枝，具多数节，干后淡黄色或淡黄褐色，节间长3.5~4.8cm，具多数纵槽。叶2列，革质，长圆形或长圆状披针形，先端急尖，有时稍2裂，基部具紧抱于茎的革质鞘。总状花序长5~15cm，疏生6~12朵花；花序轴较细，稍弯曲；花序柄基部被数枚套叠的鞘；鞘膜质，筒状，位于基部的最短，顶端的最长；花苞片膜质，卵状三角形，先端锐尖；花梗和子房浅绿色。（图3-39A）

图3-39A　流苏石斛*Dendrobium fimbriatum*

花形态解剖特征： 花金黄色，质地薄，开展，唇瓣基部具紫黑色斑块。中萼片长圆形；侧萼片卵状披针形，与中萼片等长而稍较狭；萼囊短粗，近圆形。花瓣长圆状椭圆形，边缘微啮蚀状；唇瓣近圆形，边缘具复流苏，唇盘具1个月形横生的深紫色斑块，上面密布短绒毛（图3-39B：1、2）。花药帽、合蕊柱和蕊柱足浅黄色或白色，两者构成一钝角；蕊柱齿细小且短，不明显；蕊喙白色肉质较明显；柱头腔浅黄色；蕊柱足正面白色，两侧具密集的亮紫色条纹斑（图3-39B：3~5）。花粉团蜡质金黄色，长棒状，4枚整体轮廓为长心形（图3-39B：6、7）。药帽浅黄色，近白色，长方形盔帽状，表面不平整，正面具两沟槽，分为凸凹不平的三部分；背面较平整，具一狭裂缝；上端有凹凸不平盾状裂片（图3-39B：8）。

地理分布： 产于广西南部至西北部、贵州南部至西南部、云南东南部至西南部。生于海拔600~1 700m的密林中树干上或山谷阴湿岩石上。国外分布于印度、尼泊尔、不丹、缅甸、泰国、越南。模式标本采自尼泊尔。

物候期： 花期4—6月。

用途： 药用、观赏。

近似种： 本种花形与金耳石斛*D. hookerianum*较为相似，均为近圆形唇瓣边缘具流苏，但后者的流苏较短，唇盘上具一枚褐色斑块，合蕊柱和蕊柱足浅黄色，花药帽背面具两浅槽，相对平滑。

图3-39B　流苏石斛*Dendrobium fimbriatum*花形态解剖特征

1~2.花的正面（1）和侧面（2）；3~5.合蕊柱的正面（3）、侧面（4）和背面（5）；6~7.4枚花粉团的背面（6）和正面（7）；8.花药帽正面。缩写：a＝花药；c＝合蕊柱；cf＝蕊柱足；ct＝蕊柱齿；ds＝中萼片；lip＝唇瓣；ls＝侧萼片；m＝萼囊；o＝子房；pe＝花瓣；r＝蕊喙；st＝柱头腔。

40. 棒节石斛 *Dendrobium findlayanum* C. S. P. Parish & Rchb. f.

别名：蜂腰石斛。

植株形态：茎直立或斜立，不分枝，具数节；节间扁棒状或棒状，基部常宿存纸质叶鞘。叶革质，互生于茎的上部，披针形，先端稍钝并且不等侧2裂，基部具抱茎的鞘；总状花序通常从落了叶的老茎上部发出，具2朵花；花序柄基部被长约5mm的膜质鞘；花苞片膜质，卵状三角形；花梗和子房淡玫瑰色。（图3-40A）

图3-40A　棒节石斛*Dendrobium findlayanum*

花形态解剖特征：花形大，舒展，花色艳丽，萼片和花瓣白色，先端紫红色或玫瑰色。中萼片长圆状披针形，先端近钝尖；侧萼片卵状披针形，先端近急尖；萼囊浅粉色，近圆筒形。花瓣宽长圆形，先端急尖，边缘为浅波状微卷。唇瓣近圆形，先端锐尖带玫瑰色，基部为橘黄色或绿黄色圆形大斑块，构成唇盘（图3-40B：1、2）。合蕊柱和蕊柱足均为黄绿色，三者构成一钝角；蕊喙浅黄色，肉质厚实，较发达；柱头腔长圆形，黄绿色，边缘紫红色；蕊柱齿细小，不明显；蕊柱足宽扁圆柱形，正面具密集的紫红色条纹（图3-40B：3~5）。花粉团蜡质金黄色，4枚轮廓为长心形（图3-40B：6~8）。花药帽浅黄色或白色，为半圆形盔帽状，顶端圆钝，具浅裂；基部微凹，具短绒毛；外壁具白色晶状体乳突（图3-40B：9~11）。

地理分布：产于云南南部（勐腊）。生于海拔800~900m的山地疏林中树干上。缅甸、泰国、老挝也有。模式标本采自缅甸。

物候期：花期3月。

用途：观赏兼药用。

近似种：本种与晶帽石斛*D. crystallinum*相似，但后者的唇瓣基部为绿黄色，且花药帽为细锥形，具发达的长晶状体乳突。

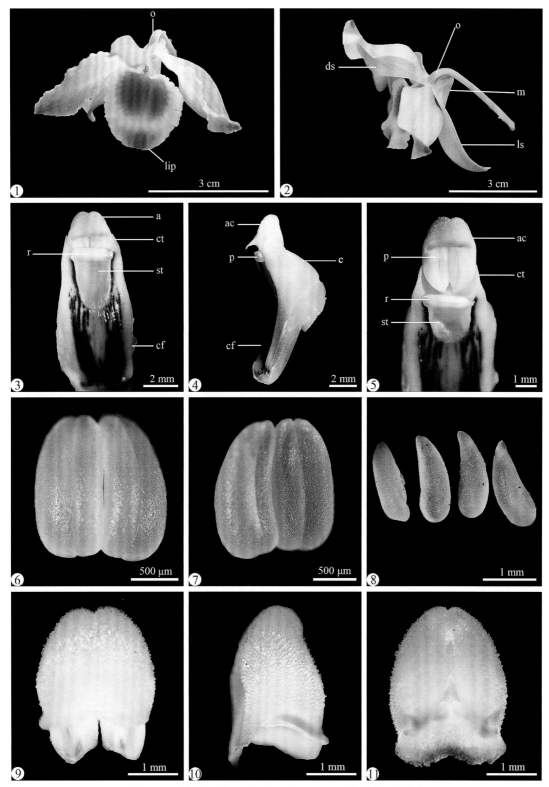

图3-40B 棒节石斛*Dendrobium findlayanum*花形态解剖特征

1~2.花的正面（1）和侧面（2）；3~5.合蕊柱的正面（3）、侧面（4）和背面（5）；6~8.4枚花粉团的背面（6）、正面（7）和分散的花粉团（8）；9~11.花药帽的正面（9）、侧面（10）和背面（11）。缩写：a=花药；ac=花药帽；c=合蕊柱；cf=蕊柱足；ct=蕊柱齿；ds=中萼片；lip=唇瓣；ls=侧萼片；m=萼囊；o=子房；p=花粉团；r=蕊喙；st=柱头腔。

41. 曲茎石斛 *Dendrobium flexicaule* Z. H. Tsi, S. C. Sun & L. G. Xu

植株形态：茎圆柱形，稍回折状弯曲，不分枝，具数节，节间长1～1.5cm，干后淡棕黄色。叶2～4枚，2列，互生于茎的上部，近革质，长圆状披针形，先端钝并且稍钩转，基部下延为抱茎的鞘。花序从落了叶的老茎上部发出，具1～2朵花；花苞片浅白色，卵状三角形，先端急尖；花梗和子房黄绿色带淡紫色。（图3-41A）

图3-41A　曲茎石斛*Dendrobium flexicaule*

花形态解剖特征：花开展，花浅粉色，先端紫红色。中萼片上端稍带淡紫色，长圆形，先端钝；侧萼片上端边缘稍带淡紫色，斜卵状披针形，与中萼片等长而较宽，先端钝，末端近圆形；花瓣下部黄绿色，上部近淡紫色，椭圆形，先端钝；唇瓣淡黄色，先端边缘淡紫色，中部以下边缘紫色，宽卵形，先端锐尖，基部楔形，上面密布短绒毛；唇盘中部前方有1个大的紫色扇形斑块（图3-41B：1）。蕊柱黄绿色（图3-41B：4、5）；蕊柱足长约10mm，中部具2个圆形紫色斑块并且疏生上部紫色而下部黄绿色的叉状毛，末端紫色（图3-41B：4、5）；蕊柱齿2个，三角形，基部外侧紫色（图3-41B：2、3）。花药帽乳白色，长盔帽状，基部前缘具不整齐的细齿，顶端深2裂，裂片尖齿状（图3-41B：6）；花粉团4枚，黄色（图3-41B：7、8）。

地理分布：产于河南（地点不详）、湖北（神农架地区）、湖南东部（衡山南岳）、四川南部（甘洛）。生于海拔1 200～2 000m的山谷岩石上。模式标本采自四川（甘洛）。

物候期：花期5月。

用途：观赏和药用。

近似种：本种与霍山石斛*D. huoshanense* 相似，但后者的花色浅黄，唇盘为一条黄绿色斑块，具绒毛，花药帽半球形盔状，密被颗粒状晶体。

图3-41B　曲茎石斛*Dendrobium flexicaule*花形态解剖特征

1.花的正面；2～5.合蕊柱的正面（2、4）、背面（3）和侧面（5）；6.药帽的正面；7.4枚棒状花粉团；8.单枚花粉团。缩写：c＝合蕊柱；cf＝蕊柱足；ct＝蕊柱齿；ds＝中萼片；lip＝唇瓣；ls＝侧萼片；o＝子房；pe＝花瓣；r＝蕊喙；st＝柱头腔。

42. 杯鞘石斛 *Dendrobium gratiosissimum* Rchb. f.

植株形态：大型附生兰，茎悬垂，肉质，圆柱形，具许多稍肿大的节，但不为串珠状；上部稍回折状弯曲，干后淡黄色。叶纸质，长圆形，先端稍钝并且一侧钩转，基部具抱茎的鞘；叶鞘干后纸质，鞘口杯状张开。总状花序从落了叶的老茎上部发出，具1~2朵花；花序柄基部被2~3枚鞘；鞘纸质，宽卵形，先端钝，干后浅白色；花苞片纸质，宽卵形，先端钝；花梗和子房淡紫色。（图3-42A）

图3-42A　杯鞘石斛*Dendrobium gratiosissimum*

花形态解剖特征：花白色先端紫红色，舒展，较大，径6~8cm。中萼片卵状披针形，先端急尖或稍钝；侧萼片与中萼片近圆形，等大，先端急尖，基部歪斜；花瓣斜卵形，先端钝；唇瓣近宽倒卵形，先端圆形，基部楔形，边缘具睫毛，上面密生短毛（图3-42B：1、2）。蕊柱和蕊柱足白色，正面具紫色条纹（图3-42B：3、4）。花药帽白色，近圆锥形，密生细乳突，正面平整，背面具变宽的沟槽（图3-42B：5、6）。花粉团蜡质金黄色，棒状，4枚花粉团轮廓为长心形（图3-42B：7、8）。

物候期：花期4—5月，果期6—7月。

用途：观赏兼药用。

近似种：本种花形与大苞鞘石斛*D. wardianum*较为相似，但唇盘具淡黄色半月形斑块，与后者的一对黑色斑块区别明显。

图3-42B　杯鞘石斛*Dendrobium gratiosissimum*花形态解剖特征

1～2.花的正面（1）和侧面（2）；3～4.合蕊柱的正面（3）和顶部（4）；5～6.花药的正面（5）和背面（6）；
7～8.4枚花粉团的正面（7）和背面（8）。缩写：a＝花药；ac＝花药帽；aw＝花药壁；cf＝蕊柱足；ct＝蕊柱齿；
ds＝中萼片；lip＝唇瓣；ls＝侧萼片；o＝子房；p＝花粉团；pe＝花瓣；r＝蕊喙；st＝柱头腔。

43. 细叶石斛 *Dendrobium hancockii* Rolfe

植株形态：大型附生兰，枝叶浓密，常绿。茎直立，质地较硬，圆柱形或有时基部上方有数个节间膨大而形成纺锤形，长达80cm，通常分枝，具纵槽或条棱，干后深黄色或橙黄色，有光泽，节间长达4.7cm。叶通常3～6枚，互生于主茎和分枝的上部，狭长圆形，先端钝并且不等侧2裂，基部具革质鞘。总状花序具1～2朵花，花苞片膜质，卵形，先端急尖；花梗和子房淡黄绿色，子房稍扩大。（图3-43A）

花形态解剖特征：花质地厚，开展，金黄色。中萼片卵状椭圆形，先端急尖；侧萼片卵状披针形，与中萼片几乎等长；萼囊短圆锥形，花瓣棒状，与中萼片等长而较宽，先端锐尖；唇瓣正面密被金色短绒毛，长宽相等，中部3裂；侧裂片稍直立，半开合围抱蕊柱，近半圆形，先端圆形；中裂片近扁圆形或肾状圆形，先端锐尖（图3-43B：1、2）。合蕊柱和

图3-43A　细叶石斛*Dendrobium hancockii*

蕊柱足皆黄色，三者构成近直角；蕊柱齿短宽，钝三角形，仅及花药帽基部（图3-43B：3）；柱头腔浅宽，金黄色；蕊喙白色，肉质厚实，具一条横浅槽；蕊柱足侧扁略内凹，正面光滑具血丝状红纹（图3-43B：3～5）。花药帽金黄色，圆锥形长盔帽状，顶部锐尖光滑，基部截平具黄色短绒毛或细齿；外壁光滑但不平整，正面具2条中部收狭的深沟（图3-43B：6、7）。花粉团蜡质金黄色，长棒状，4枚轮廓为长心形（图3-43B：8）。

地理分布：产于陕西秦岭以南、甘肃南部、河南、湖北东南部、湖南东南部、广西西北部、四川南部至东北部、贵州南部至西南部、云南东南部。生于海拔700～1 500m的山地林中树干上或山谷岩石上。模式标本采自云南（蒙自）。

物候期：花期5—6月。

用途：药用兼观赏。

近似种：本种花形、花色与线叶石斛*D. chryseum*较相似，但后者的唇瓣圆形，边缘波浪状，基部围抱合蕊柱呈浅喇叭状，花药帽长方形，顶端具三浅裂。

图3-43B　细叶石斛*Dendrobium hancockii*花形态解剖特征

1～2.花的正面（1）和侧面（2）；3～5.合蕊柱的正面（3）、侧面（4）和正面特写（5）；6～7.花药帽的正面（6）和底面（7）；8.4枚花粉团正面。缩写：a＝花药；ac＝花药帽；aw＝花药壁；c＝合蕊柱；cf＝蕊柱足；ct＝蕊柱齿；ds＝中萼片；lip＝唇瓣；ls＝侧萼片；m＝萼囊；o＝子房；pe＝花瓣；r＝蕊喙；st＝柱头腔。

44. 苏瓣石斛 *Dendrobium harveyanum* Rchb. f.

植株形态：大型附生兰。茎纺锤形，质地硬，长8~16cm，通常弧形弯曲，不分枝，具节，节间长1.5~2.5cm，具多数扭曲的纵条棱，干后褐黄色，具光泽。叶革质，斜立，常2~3枚互生于茎的上部，长圆形或狭卵状长圆形，先端急尖，基部收狭并且具抱茎的革质鞘。总状花序出自上年生具叶的近茎端，纤细，下垂，疏生少数花，花序柄具3~4枚卵形的鞘；花苞片卵状三角形；花梗和子房长2.5cm。（图3-44A）

图3-44A 苏瓣石斛*Dendrobium harveyanum*

花形态解剖特征：花金黄色，质地薄，开展。中萼片披针形，先端稍钝，全缘；侧萼片卵状披针形，先端稍钝；萼囊粗，稍长，近圆筒形。花瓣长圆形，先端钝，边缘密生长流苏。唇瓣近卵状披针形，边缘具复式流苏，唇盘密布短绒毛（图3-44B：1、2）。合蕊柱和蕊柱足浅黄色，两者近一直线；蕊柱齿明显，细长三角形，但不及花药帽高；蕊喙白色，肉质片状；柱头腔浅，近长方形，蕊柱足边缘内卷加厚（图3-44B：3~6）。花粉团蜡质金黄色，4枚紧密排列呈近心形（图3-44B：7、8）。花药帽黄色、浅黄色，或白色；半圆形盔帽状，外壁具细颗粒晶状体乳突；顶端半圆形，全缘；基部近截平，边缘有细微齿；正面近平整，具2道浅裂痕；背面具宽深沟槽，几分为两裂（图3-44B：9~11）。

地理分布：产于云南南部（勐腊）。生于海拔1 100~1 700m的疏林中树干上。国外分布于缅甸、泰国、越南。模式标本采自缅甸。

物候期：花期3—4月。

用途：观赏。

近似种：本种花形与长苏石斛*D. brymerianum*较为相似，唇瓣皆具流苏状睫毛，但后者的花萼和侧花瓣全缘无毛，合蕊柱和蕊柱足橘黄色，无蕊柱齿，花药帽狭长盔形，浅黄色。

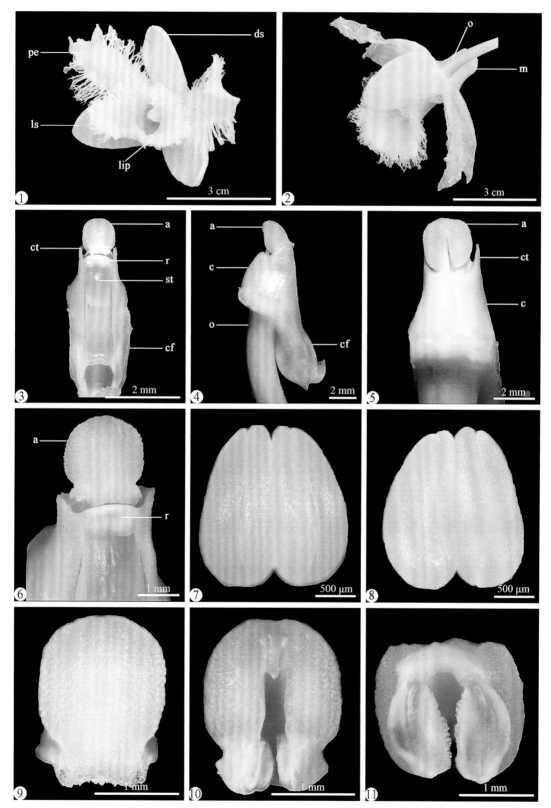

图3-44B　苏瓣石斛*Dendrobium harveyanum*花形态解剖特征

1～2.花的正面（1）和侧面（2）；3～6.合蕊柱的正面（3）、侧面（4）、背面（5）和正面特写（6）；7～8.4枚花粉团的背面（7）和正面（8）；9～11.花药帽的正面（9）、背面（10）和底面（11）。缩写：a＝花药；c＝合蕊柱；cf＝蕊柱足；ct＝蕊柱齿；ds＝中萼片；lip＝唇瓣；ls＝侧萼片；m＝萼囊；o＝子房；pe＝花瓣；r＝蕊喙；st＝柱头腔。

45. 河口石斛 *Dendrobium hekouense* Z. J. Liu & L. J. Chen

植株形态特征: 植株矮小,为小型附生兰,茎短,假鳞茎短,肉质、圆柱形,具膜质鞘,数枚聚集,有2~3个节间。叶革质,狭椭圆形至椭圆形,先端尖,基部短叶柄具鞘。花序从假鳞茎一侧抽出,具1花,花梗基部有1个膜质杯状鞘;苞片膜质,卵形,花梗和子房浅绿色。(图3-45A)

图3-45A 河口石斛*Dendrobium hekouense*(摄影:罗艳)

花形态解剖特征: 花小巧,正面黄绿色带紫色斑点,紫色脉络清晰,背面灰绿色(图3-45B:1、2)。背萼片比侧萼片大,近宽卵形。萼囊较粗,圆筒形,略弯曲。花瓣比侧萼片窄,卵圆形至椭圆形,锐尖(图3-45B:1、2)。唇瓣密被紫色短柔毛,3裂,两侧裂片围抱合蕊柱呈短筒状,中裂片肾形,边缘不规则浅裂,先端明显2深裂,侧裂片与中裂片具紫红色斑点(图3-45B:3、4)。合蕊柱厚而短,蕊柱足长,正面紫色;蕊柱齿不明显(图3-45B:5~7)。花药帽圆锥形,灰绿色,前端至基部略带紫色(图3-45B:8、9)。花粉团黄色,4枚,一端钝圆,一端狭窄(图3-45B:10)。

地理分布: 产于中国云南和越南北部,生长于亚热带潮湿温暖的常绿阔叶林。

物候期: 花期8—9月。

用途: 观赏。

备注: 本种在国产石斛属的物种里,较为独特,在于花色黄绿,唇瓣两枚侧裂片围拢呈圆筒状,花径上下一致,花冠呈短粗型。本种发表时,被认为近似于王亮石斛*D. wangliangii*(Liu & Chen, 2011)。

图3-45B　河口石斛*Dendrobium hekouense*花形态解剖特征

1~2.花的正面（1）和背面（2）；3~4.唇瓣的侧面（3）和内面（4）；5~7.合蕊柱的正面（5）、侧面（6）和侧面（7）；8~9.花药帽的正面（8）和背面（9）；10.花粉团。缩写：a=花药；c=合蕊柱；cf=蕊柱足；ct=蕊柱齿；ds=中萼片；lip=唇瓣；ls=侧萼片；m=萼囊；o=子房；pe=花瓣；r=蕊喙；st=柱头腔。

46. 疏花石斛 *Dendrobium henryi* Schltr.

植株形态：大型附生兰。茎斜立或下垂，圆柱形，不分枝，具多节，节间长3～4.5cm，干后淡黄色。叶纸质，2列，长圆形或宽披针形，近先端处的两侧不对称，先端渐尖或急尖，基部收狭并且扩大为鞘；叶鞘纸质，紧抱于茎，干后鞘口常张开。总状花序出自具叶的老茎中部，具1～2朵花；花序柄几乎与茎相交成直角而伸展，基部具3～4枚鞘；鞘膜质，筒状，花苞片纸质，卵状三角形，先端钝。（图3-46A）

图3-46A　疏花石斛*Dendrobium henryi*

花形态解剖特征：花金黄色，质地薄，舒展。中萼片和侧萼片卵状长圆形，先端钝，萼囊宽圆锥形，末端圆形。花瓣稍斜宽卵形，比萼片稍短，但较宽，先端急尖，基部具短爪。唇瓣近长圆形，两侧围抱蕊柱，边缘浅波状微卷，具不整齐的绒毛状细齿（图3-46B：1、2）。合蕊柱和蕊柱足黄绿色，两者构成一弧线；蕊柱齿短宽，呈短三角形；柱头腔长圆形，黄色；蕊喙白色，肉质厚实；合蕊柱正面两侧具深紫色带状条纹（图3-46B：3～5）。花粉团蜡质金黄色，呈弯曲的棒状，4枚花粉团轮廓为半球形（图3-46B：6、7）。花药帽亮紫色，半圆形盔状，上下两端近截平；正面不平，具两道沟槽，上端近直线无凹凸起伏；背面平整光滑，但深裂为两部分，裂片基部钝圆；外壁密布晶状细乳突（图3-46B：8～10）。

地理分布：产于湖南南部、广西中部至北部、贵州西南部、云南东南部至南部。生于海拔600～1 700m的山地林中树干上或山谷阴湿岩石上。泰国、越南也有。模式标本采自云南（思茅）。

物候期：花期6—9月。

用途：观赏兼药用。

近似种：本种与罗河石斛*D. lohohense*较为相似，但后者的唇瓣基部不内卷呈管状，先端圆形具细齿状绒毛；花药帽半球形，鲜黄色，光滑。

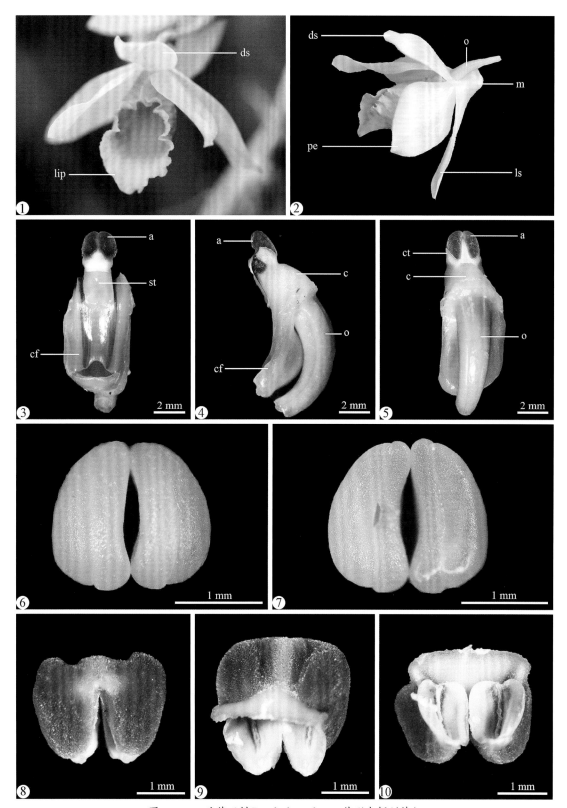

图3-46B　疏花石斛*Dendrobium henryi*花形态解剖特征

1~2.花的正面（1）和侧面（2）；3~5.合蕊柱的正面（3）、侧面（4）和背面（5）；6~7.4枚花粉团的背面（6）和正面（7）；8~10.花药帽的正面（8）、背面（9）和底面（10）。缩写：a＝花药；c＝合蕊柱；cf＝蕊柱足；ct＝蕊柱齿；ds＝中萼片；lip＝唇瓣；ls＝侧萼片；m＝萼囊；o＝子房；pe＝花瓣；st＝柱头腔。

47. 尖刀唇石斛 *Dendrobium heterocarpum* Wall. ex Lindl.

植株形态：大型附生兰，落叶。茎常斜立，厚肉质，基部收狭，向上增粗，稍呈棒状，不分枝，具数节，节稍肿大，节间长2~3cm，鲜时金黄色，干后硫黄色带污黑色。叶革质，长圆状披针形，先端急尖或稍钝，基部具抱茎的膜质鞘。总状花序出自落了叶的老茎上端，具1~4朵花；花序柄基部被2~3枚膜质鞘；花苞片浅白色，膜质，宽卵形，先端钝。（图3-47A）

图3-47A　尖刀唇石斛*Dendrobium heterocarpum*

花形态解剖特征：花开展，萼片和花瓣银白色或奶黄色。中萼片长圆形，先端钝；侧萼片斜卵状披针形，与中萼片等大，先端近锐尖，基部稍歪斜；花瓣卵状长圆形，先端锐尖，边缘全缘。唇瓣卵状披针形，与萼片近等长，不明显3裂；侧裂片黄色带红色条纹，直立，中部向下反卷；中裂片银白色或奶黄色，先端锐尖，边缘全缘，上面密布红褐色短毛（图3-47B：1）。合蕊柱白色，蕊柱足基部白色，前端橙黄色；两者构成一钝角；蕊柱齿小，肉质白色；柱头腔白色，外围具一圈紫色镶边；合蕊柱正面橙色带紫色细斑纹（图3-47B：2、3）。药帽白色，密布颗粒状晶状体乳突；半圆形盔帽状；正面顶部圆形微凹，背面具一浅沟槽（图3-47B：4~7）。花粉团蜡质金黄色，单枚棒状，4枚排列紧密，呈长心形（图3-47B：8~10）。

地理分布：产于云南南部至西部（勐腊、芒市、腾冲、镇康）。生于海拔1 500~1 750m的山地疏林中树干上。斯里兰卡、印度、尼泊尔、不丹、缅甸、泰国、老挝、越南、菲律宾、马来西亚、印度尼西亚也有分布。模式标本采自尼泊尔。

物候期：花期3—4月。

用途：观赏。

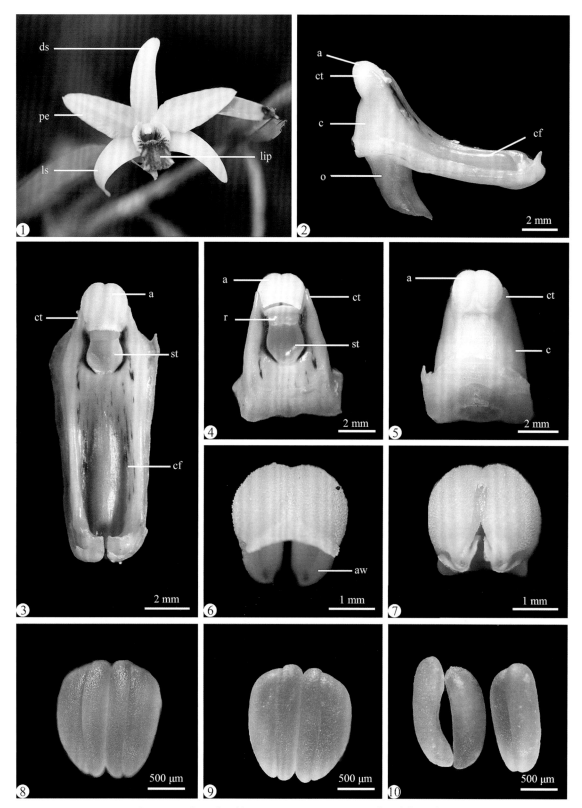

图3-47B　尖刀唇石斛*Dendrobium heterocarpum*花形态解剖特征

1.花的正面；2~5.合蕊柱的侧面（2）、正面（3、4）和背面（5）；6~7.花药帽的正面（6）、背面（7）；8~9.4枚花粉团的背面（8）、正面（9）；10.散开的花粉团。缩写：a＝花药；aw＝花药壁；c＝合蕊柱；cf＝蕊柱足；ct＝蕊柱齿；ds＝中萼片；lip＝唇瓣；ls＝侧萼片；o＝子房；pe＝花瓣；r＝蕊喙；st＝柱头腔。

48. 金耳石斛 *Dendrobium hookerianum* Lindl.

植株形态：大型附生兰。茎下垂，质地硬，圆柱形，不分枝，具多节，节间长2~5cm，干后淡黄色。叶薄革质，2列，互生于整个茎上，卵状披针形或长圆形，上部两侧不对称，先端长急尖，基部稍收狭并且扩大为鞘；叶鞘紧抱于茎。总状花序1至数个，侧生于具叶的老茎中部，疏生2~7朵花；花序柄基部具3~4枚套叠的鞘，在基部的鞘最短，上端的最长；花苞片卵状披针形，先端急尖；花梗和子房长3~4cm。（图3-48A）

图3-48A　金耳石斛*Dendrobium hookerianum*

花形态解剖特征：花朵金黄色，唇瓣基部具一对明显褐色斑点，花瓣蜡质，开展。中萼片长椭圆状，先端锐尖；侧萼片长圆形，基部歪斜。花瓣长圆形先端近钝，中脉明显。唇瓣近扇形，基部具短爪两侧围抱蕊柱，边缘具复式流苏，上面密布短绒毛（图3-48B：1、2）。唇盘两侧各具1个紫色斑块，爪上具1枚胼胝体。合蕊柱和蕊柱足浅黄色，或乳白色，正面具紫色带状斑纹；蕊柱齿细小，不明显，蕊柱腔浅，长圆形（图3-48B：3~4）。花药帽白色，扁平的圆锥形盔帽状，上端中央突起圆球状；正面不平，具两条浅槽，背面近圆形，基部深裂具宽缝（图3-48B：5~6）。花粉团蜡质金黄色，4枚排列紧密呈长心形（图3-48B：7、8）。

地理分布：产于云南西南部至西北部（贡山、怒江河谷、腾冲）、西藏东南部（墨脱、波密、林芝）。生于海拔1 000~2 300m的山谷岩石上或山地林中树干上。印度东部、东北部也有。模式标本采自印度锡金邦。

物候期：花期7—9月。

近似种：本种与流苏石斛*D. fimbriatum*较相似，皆为唇瓣边缘具流苏，但后者的流苏较长，唇盘上具一对褐色斑块，合蕊柱和蕊柱足浅黄色，花药帽背面具2深槽，较粗糙。

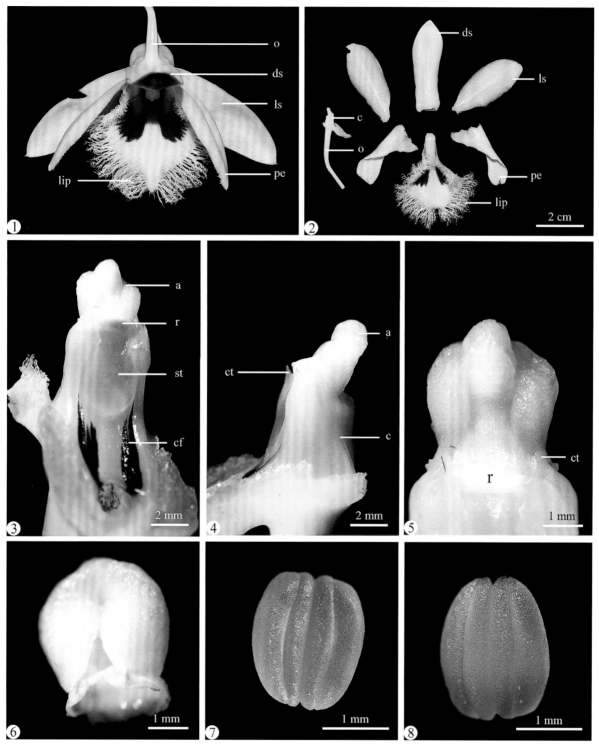

图3-48B　金耳石斛Dendrobium hookerianum花形态解剖特征

1~2.花的正面；3~4.合蕊柱的正面（3）、侧面（4）；5.合蕊柱顶端，示花药帽正面；6.花药帽的背面；7~8.4枚
花粉团正面（7）、背面（8）。缩写：a=花药；c=合蕊柱；cf=蕊柱足；ct=蕊柱齿；ds=中萼片；lip=唇瓣；
ls=侧萼片；o=子房；pe=花瓣；r=蕊喙；st=柱头腔。

49. 霍山石斛 *Dendrobium huoshanense* Z. Z. Tang & S. J. Cheng

植株形态： 矮小落叶附生草本。茎直立，肉质，从基部上方向上逐渐变细，不分枝，具3~7节，淡黄绿色，有时带淡紫红色斑点，干后淡黄色。叶革质，2~3枚互生于茎的上部，斜出，舌状长圆形，先端钝并且微凹，基部具抱茎的鞘；叶鞘膜质，宿存。总状花序1~3个，从落了叶的老茎上部发出，具1~2朵花，花苞片浅白色带栗色，卵形；花梗和子房浅黄绿色。（图3-49A）

图3-49A　霍山石斛*Dendrobium huoshanense*

花形态解剖特征： 花淡黄绿色，开展。中萼片卵状披针形，先端钝；侧萼片镰状披针形，先端钝，基部歪斜；萼囊近矩形，末端近圆形；花瓣卵状长圆形；唇瓣近菱形，长和宽约相等，基部楔形并且具1个胼胝体，上部稍3裂，中裂片半圆状三角形，先端近钝尖，且具1个黄色横月牙形斑块（图3-49B：1）。蕊柱淡绿色，蕊柱足侧扁宽凹形明显具翼，基部黄色但有褐色斑点（图3-49B：3~5）。花药帽白色，近半球形盔状，顶端微凹（图3-49B：6、7）。花粉团4枚，长棒状，黄色（图3-49B：8）。

地理分布： 产于河南西南部（南召）、安徽西南部（霍山）。生于山地林中树干和山谷岩石上。

物候期： 花期5月。

用途： 药用。本种在栽培条件下，花色变异明显。

近似种： 本种与铁皮石斛*D. officinale*和细茎石斛*D. moniliforme*等均为石斛组里株形和花形较小的一类，分子系统学支持将这3个种处理为复合群。但铁皮石斛的花药帽白色长圆形盔帽状，上端深裂，两侧突起，表面光滑；细茎石斛的花药帽顶端全缘，无缺刻，表面具白色细颗粒突起。本种也与曲茎石斛*D. flexicaule*相似，但后者具浅粉色花朵，唇盘具褐色斑块，长盔形花药帽，且顶端深裂和表面光滑无颗粒状晶体。

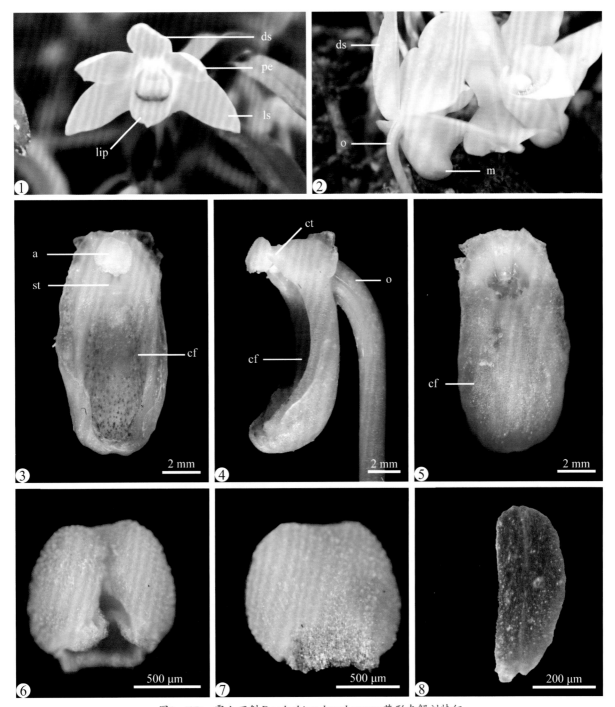

图3-49B 霍山石斛*Dendrobium huoshanense*花形态解剖特征

1~2.花正面（1）和侧面（2）；3~5.合蕊柱的正面（3）、侧面（4）和背面（5）；6~7.花药帽的背面（6）和正面（7）；8.同一药室的2枚花粉团。缩写：a＝花药；c＝合蕊柱；cf＝蕊柱足；ct＝蕊柱齿；ds＝中萼片；lip＝唇瓣；ls＝侧萼片；m＝萼囊；o＝子房；pe＝花瓣；st＝柱头腔。

50. 矩唇石斛 *Dendrobium linawianum* Rchb. f.

植株形态：大型附生草本。茎直立，粗壮，稍扁圆柱形，不分枝，下部收狭，具数节；节间稍呈倒圆锥形，干后黄褐色，具多数纵槽。叶革质，长圆形，先端钝，并且具不等侧2裂，基部扩大为抱茎的鞘。总状花序从落了叶的老茎上部发出，具2～4朵花；花序柄基部被2～3枚短筒状鞘；花苞片卵形，先端急尖；花梗和子房长达5cm，子房稍弧曲。（图3-50A）

花形态解剖特征：花大，白色，上部紫红色，开展（图3-50A）。中萼片长圆形，侧萼片稍斜长圆形，与中萼片等大，先端稍钝；萼囊狭圆锥形；花瓣椭圆形，比萼片宽得多，先端钝；唇瓣白色，上部紫红色，宽长圆形，与花瓣等大或稍较小，前部反折，先端钝，中部以下两侧围抱蕊柱；唇盘基部两侧各具1条紫红色带，上面密布短绒毛（图3-50B：1、2）。蕊柱长约4mm，具长约8mm的蕊柱足（图3-50B：3～5）。花药帽白色，半圆形盔状，平滑具细乳突，基部更明显（图3-50B：8、9）。4枚花粉团黄色（图3-50B：6、7）。

地理分布：产于台湾（乌来、福山、南庄）、广西东部（金秀）。生于海拔400～1 500m的山地林中树干上。模式标本采自台湾。

物候期：花期4—5月。

用途：观赏。

近似种：本种与金钗石斛*D. nobile*近似，皆具有白色花但末梢为紫红色，绿色合蕊柱，但后者的唇瓣长圆形，唇盘具1枚黑色斑块；花药帽紫红色，呈长圆形盔状。

图3-50A　矩唇石斛*Dendrobium linawianum*

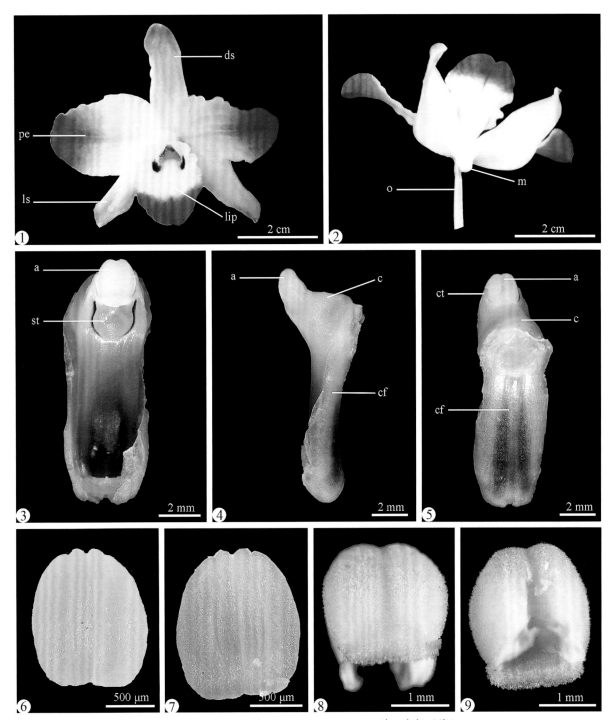

图3-50B 矩唇石斛 *Dendrobium linawianum* 花形态解剖特征

1~2.花的正面（1）和底面（2）；3~5.合蕊柱的正面（3）、侧面（4）和背面（5）；6~7.花粉团的背面（6）和正面（7）；8~9.药帽的正面（8）和背面（9）。缩写：a＝花药；c＝合蕊柱；cf＝蕊柱足；ct＝蕊柱齿；ds＝中萼片；lip＝唇瓣；ls＝侧萼片；m＝萼囊；o＝子房；pe＝花瓣；st＝柱头腔。

51. 喇叭唇石斛 *Dendrobium lituiflorum* Lindl.

植株形态：茎下垂，稍肉质，圆柱形；叶纸质，狭长圆形，先端渐尖并且一侧稍钩转，基部具鞘。总状花序多个；花苞片浅白色，卵形；花梗和子房紫色。（图3-51A）

图3-51A　喇叭唇石斛*Dendrobium lituiflorum*

花形态解剖特征：花大，紫色，膜质，开展。中萼片长圆状披针形，先端急尖；侧萼片相似于中萼片而等大；萼囊突起不明显。花瓣近长椭圆形，先端锐尖，全缘；唇瓣先端紫色，内面有一条白色环带围绕的深紫色斑块，近倒卵形，比花瓣短，中部以下两侧围抱蕊柱而形成喇叭形，边缘具不规则的细齿，上面密布短毛（图3-51B：1、2）。合蕊柱绿紫色，基部扩大；蕊柱足正面密集紫色条纹（图3-51B：3~5）。花粉团金黄色蜡质，4枚排列紧密，呈近长球形（图3-51B：6）。花药帽亮紫色，长圆锥形，顶部稍平截而凹陷，被颗粒状细乳突，前端边缘深裂具细茸毛（图3-51B：3~5、7~8）。

地理分布：产于广西西南部和西部、云南西南部。生于海拔800~1 600m的山地阔叶林中树干上。印度东北部、缅甸、泰国、老挝也有分布。

物候期：花期3月。

用途：观赏兼药用。

近似种：本种与紫婉石斛*D. transparens*较相似，唇瓣基部皆具紫红色斑块，且内卷合拢为管状，蕊柱足正面具线状紫条斑纹，但后者除唇瓣基部外皆为白色，合蕊柱和蕊柱足浅黄色带紫色条纹，花药帽为白色带浅紫色。

图3-51B　喇叭唇石斛*Dendrobium lituiflorum*花形态解剖特征

1～2.花的正面（1）和背面（2）；3～5.合蕊柱的正面（3）、侧面（4）和背面（5）；6.4枚花粉团的背面轮廓，近心形；7～8.花药帽的正面（7）和背面（8）。缩写：a＝花药；cf＝蕊柱足；ct＝蕊柱齿；c＝合蕊柱；ds＝中萼片；lip＝唇瓣；ls＝侧萼片；m＝萼囊；o＝子房；pe＝花瓣；r＝蕊喙；st＝柱头腔。

52. 美花石斛 *Dendrobium loddigesii* Rolfe

别名：粉花石斛。

植株形态：多年生附生草本，茎柔弱，常下垂，细圆柱形，径约3mm，多节，节间长1.5～2cm，干后金黄色。叶纸质，2列，互生于整个茎上，舌形，长圆状披针形或稍斜长圆形，基部具鞘；叶鞘膜质，干后鞘口常张开。花1～2朵簇生于落叶的茎秆上，花色艳丽，舒展，子房紫红色。（图3-52A）

图3-52A　美花石斛*Dendrobium loddigesii*

花形态解剖特征：花色艳丽，花白色、浅紫色或粉红色，薄纸质，开放花舒展轻盈。中萼片卵状长圆形；侧萼片披针形；萼囊近球形（图3-52B：2）。花瓣长卵形，边缘反卷；唇瓣近圆形，基部围拢合蕊柱呈喇叭状；中央金黄色，周边淡紫红色，边缘浅波状微卷，具短流苏，两面密布短柔毛（图3-52B：1、2）。合蕊柱和蕊柱足白色，带少许细紫斑，两者构成一钝角；蕊柱齿小，不明显，背蕊柱齿较长，紧贴花药帽背部（图3-52B：3～5）。花粉团蜡质金黄色，4枚排列紧密呈长球形（图3-52B：6）。花药帽白色，密布刺瘤状突起，正面近半球形，背面中央凹陷成深槽（图3-52B：7、8）。

地理分布：产于广西、广东、海南、贵州、云南。生于海拔400～1 500m的山地林中树干上或林下岩石上。国外分布于老挝、越南。

物候期：花期4—5月。

用途：观赏兼药用。

近似种：本种花形与兜唇石斛*D. aphyllum*较为相似，均为粉花系，唇瓣近圆形，基部内卷为喇叭状，但后者的唇瓣边缘近全缘，无流苏状，合蕊柱和唇瓣白色带紫条纹，花药帽长盔形。

备注：本种在《中国植物志》中的描述为花药帽近圆锥，但本文观察到的花药帽近半球形，背面具凹陷的槽。

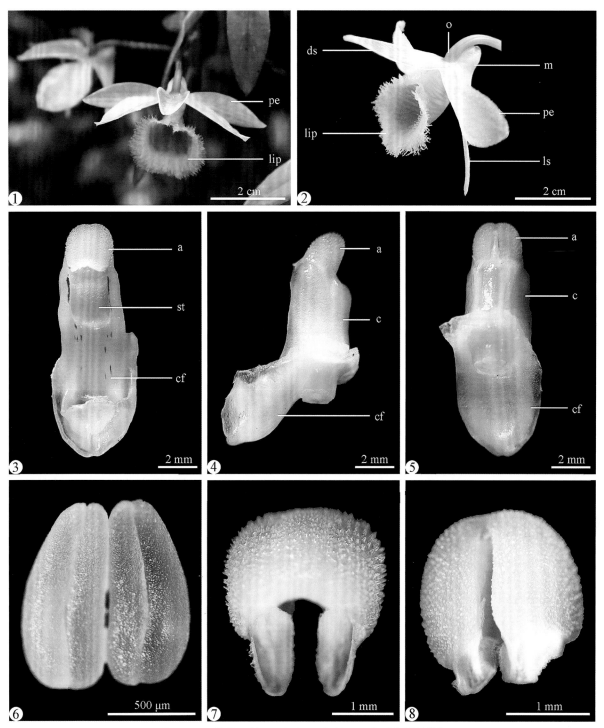

图3-52B　美花石斛*Dendrobium loddigesii*花形态解剖特征

1～2.花的正面（1）和侧面（2）；3～5.合蕊柱的正面（3）、侧面（4）和背面（5）；6.4枚花粉团的正面；7～8.花药帽的正面（7）和背面（8）。缩写：a＝花药；c＝合蕊柱；cf＝蕊柱足；ds＝中萼片；lip＝唇瓣；ls＝侧萼片；m＝萼囊；o＝子房；pe＝花瓣；st＝柱头腔。

53. 罗河石斛 *Dendrobium lohohense* Tang & F. T. Wang

别名：细黄草。

植株形态：大型常绿附生兰。植株茎质地稍硬，圆柱形，具多节，节间长13～23mm，上部节上常生根而分出新枝条，干后金黄色，具数条纵条棱。叶薄革质，2列，长圆形。花蜡黄色，稍肉质，总状花序减退为单朵花或1～2朵花，生于叶腋，直立。（图3-53A）

图3-53A　罗河石斛*Dendrobium lohohense*（摄影：徐志峰）

花形态解剖特征：花金黄色，蜡质，花梗和子房淡绿色。中萼片和侧萼片近等大，卵状长圆形；萼囊突起明显，短粗，呈短筒状（图3-53A）；唇瓣近圆形，金黄色，边缘具短绒毛，呈齿状（3-53B：1）。合蕊柱和蕊柱足黄绿色，正面两侧具浅棕色细条纹，两侧几乎在一条直线；蕊柱齿不明显，蕊喙明显，白色，厚实肉质（图3-53B：2、3）。花药帽浅黄色，近光滑，正面呈长球形（图3-53B：4、5）。花粉团4枚，长棒状（图3-53B：6、7）。

地理分布：中国特有种，分布于湖北、湖南、广东、广西、云南、贵州和四川等地，生于海拔980～1560m的山谷或林缘的岩石上。

物候期：花期5—7月。

近似种：本种与疏花石斛*D. henryi*较为相似，但后者1～2朵花生于落叶的茎秆上，唇瓣基部围拢呈管状，先端椭圆具不规则波浪状起伏、花药帽长球形、亮紫色、具细绒毛状突起等特征区别明显。

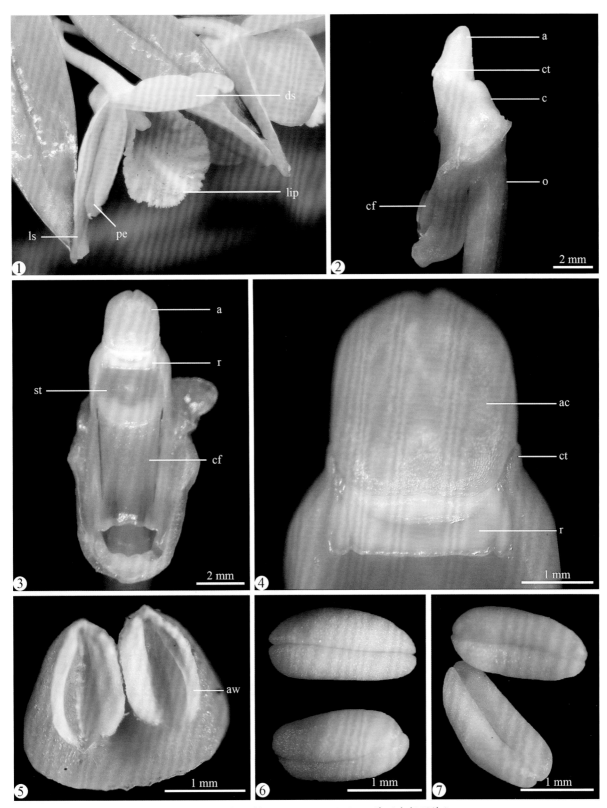

图3-53B 罗河石斛*Dendrobium lohohense*花形态解剖特征

1.花的正面，示唇瓣圆形，边缘具短流苏；2～4.合蕊柱的侧面（2）、正面（3）和顶部放大（4）；5.花药帽内部结构，示花药壁残留；6～7.花粉团的背面（6）和正面（7）。缩写：a＝花药；ac＝花药帽；aw＝花药壁；c＝合蕊柱；cf＝蕊柱足；ct＝蕊拉齿；ds＝中萼片；lip＝唇瓣；ls＝侧萼片；o＝子房；pe＝花瓣；r＝蕊喙；st＝柱头腔。

54. 细茎石斛 *Dendrobium moniliforme*（L.）Sw.

别名：台湾石斛、清水山石斛、铜皮石斛。

植株形态：茎直立，细圆柱形，具多节，干后金黄色或黄色带深灰色。叶数枚，2列，常互生于茎的中部以上，披针形或长圆形，先端钝并且稍不等侧2裂，基部下延为抱茎的鞘。总状花序2至数个，生于茎中部以上具叶和落了叶的老茎上，通常具1～3朵花，密集在茎秆上。花苞片干膜质，浅白色带褐色斑块，卵形，先端钝；花梗和子房纤细。（图3-54A）

花形态解剖特征：花白色、浅黄色或粉色。萼片和花瓣近等宽，卵状长圆形或卵状披针形，先端锐尖或钝；萼囊短圆锥形、钝（图3-54B：2）。唇瓣白色带淡褐色或紫红色至浅黄色斑块，整体轮廓卵状披针形，比萼片稍短，3浅裂；侧裂片半圆形，直立，围抱蕊柱；中裂片卵状披针形，先端锐尖或稍钝；唇盘在两侧裂片之间密布短柔毛，近中裂片基部通常具1个紫红色、淡褐色或浅黄色的斑块（图3-54B：1、2）；蕊柱和蕊柱足浅绿色，蕊柱足基部内卷，内部深褐色（图3-54B：3、4）。花粉团蜡质金黄色，4枚排列紧密呈近圆形（图3-54B：5、6）。花药帽白色，圆球形盔状，被细乳突（图3-54B：7、8）。

地理分布：产于中国南部、东南部大部分地区。生于海拔590～3 000m的

图3-54A 细茎石斛*Dendrobium moniliforme*

阔叶林中树干上或山谷岩壁上。国外印度东北部、朝鲜半岛南部、日本也有分布。

物候期：花期3—5月。

近似种：文献记载本种与铁皮石斛*D. officinale*和霍山石斛*D. huoshanense*较为近似，分子系统学把它们处理为复合种。但铁皮石斛的合蕊柱和蕊柱足黄绿色，花药帽近圆形盔状，顶部具深缺刻，近光滑；霍山石斛合蕊柱白色，蕊柱足黄绿色，花药帽半圆形盔状，具浅缺刻，具短刺状乳突。作者认为该种与叉唇石斛*D. stuposum*较为相似，但后者花序较短，且唇瓣边缘具明显流苏。

图3-54B 细茎石斛*Dendrobium moniliforme*花形态解剖特征

1～2.花的正面（1）和侧面（2）；3～4.合蕊柱和蕊柱足的正面（3）和侧面（4）；5.4枚花粉团的正面，呈近圆形；6.单枚花粉团，棒状；7～8.药帽的正面（7）和背面（8），示具密被颗粒晶状体。缩写：a＝花药；ac＝花药帽；c＝合蕊柱；cf＝蕊柱足；ds＝中萼片；lip＝唇瓣；ls＝侧萼片；pe＝花瓣；p＝花粉团；st＝柱头腔。

55. 杓唇石斛 *Dendrobium moschatum*（Banks）Sw.

植株形态：大型附生常绿草本。茎粗壮，质地较硬，直立，圆柱形，具多节，节间长约3cm。叶革质，2列；长圆形至卵状披针形。总状花序大，出自上年生具叶或落了叶的茎近端，下垂，疏生数朵至10余朵花；花苞片革质，长圆形。（图3-55A）

花形态解剖特征：花大型，橘黄色，具明显囊状唇瓣，且唇瓣基部具一对褐色斑块。中萼片长圆形，先端钝；侧萼片长圆形；萼囊圆锥形，短而宽，长约1mm。花瓣斜宽卵形，先端钝。唇瓣圆形，边缘内卷而成深囊状，似拖鞋，表面密被黄色短柔毛，唇盘基部两侧各具1个深紫褐色斑块（图3-55B：1、2）。合蕊柱和蕊柱足皆黄绿色带紫色带状条纹（图3-55B：3~5）。花粉团蜡质金黄色，4枚排列紧密为长圆形（图3-55B：6）。花药帽深紫色，长圆形截平盔状，表面带3条浅凹槽，具小颗粒晶状突起，前端边缘白色（图3-55B：7、8）。

图3-55A 杓唇石斛*Dendrobium moschatum*

地理分布：产于云南南部至西部。生于海拔1 300m的疏林中树干上。国外分布于从印度西北部经尼泊尔、不丹、印度东北部到缅甸、泰国、老挝、越南。

物候期：花期4—6月。

备注：本种属于大型附生兰，花序长，花朵大，花形、花色较为独特，唇瓣呈拖鞋状，花期长，具有较高观赏价值。本种与杓唇扁石斛*D. chrysocrepis*和重唇石斛*D. hercoglossum*等，都属于唇瓣特化为囊状，但后两种的花形较小，花色和合蕊柱等特征差异明显。

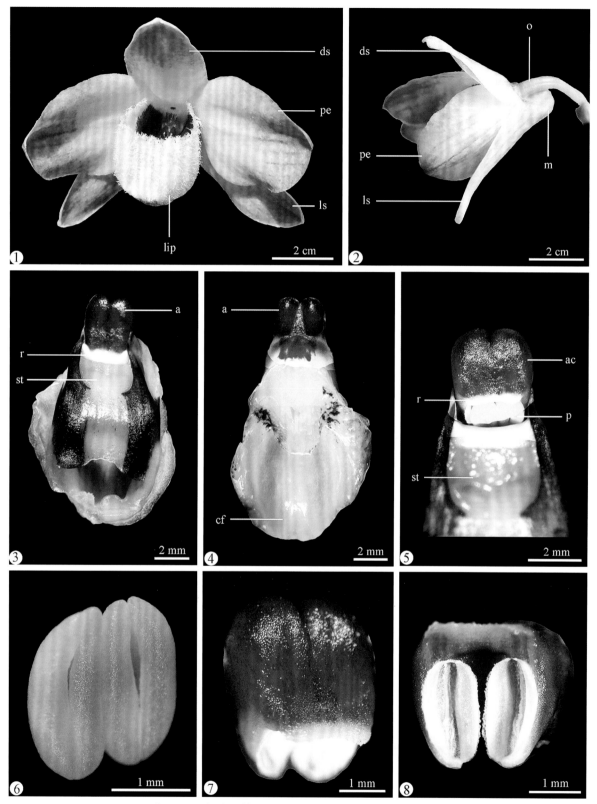

图3-55B　杓唇石斛*Dendrobium moschatum*花形态解剖特征

1~2.花的正面（1）和侧面（2）；3~5.合蕊柱的正面（3、5）和背面（4）；6.4枚花粉团的正面；7~8.花药帽的正面（7）和底面（8）。缩写：a=花药；ac=花药帽；cf=蕊柱足；ds=中萼片；lip=唇瓣；ls=侧萼片；m=萼囊；o=子房；p=花粉团；pe=花瓣；r=蕊喙；st=柱头腔。

56. 金钗石斛 *Dendrobium nobile* Lindl.

图3-56A　金钗石斛*Dendrobium nobile*

植株形态：大型附生草本。茎直立，肉质状肥厚，稍扁的圆柱形，上部稍回折状弯曲，基部明显收狭，不分枝，具多节，节有时稍肿大；节间稍呈倒圆锥形，长2~4cm，干后金黄色。叶革质，长圆形。总状花序出自落叶的茎秆上，花色艳丽，白底带紫红色，花梗和子房淡紫色。（图3-56A）

花形态解剖特征：花大，白色带淡紫色先端，唇盘上除具1个紫红色斑块外，其余均为白色（图3-56B：1）。中萼片长圆形，先端钝；侧萼片相似于中萼片，先端锐尖，基部歪斜；花瓣稍斜宽卵形，边缘不平呈波状微卷。唇瓣宽卵形，先端钝，基部两侧具紫红色条纹并且收狭为短爪，唇盘中央具1个紫红色大斑块。合蕊柱和蕊柱足绿色；蕊喙白色，肉质；蕊柱齿细小，不明显；柱头腔绿色，长方形，两侧边缘具紫色条纹；蕊柱足扁宽，正面微凹（图3-56B：3、4）。花药帽紫红色，圆锥形；上端圆形全缘，下部截平，具白色细齿状绒毛；表面密布紫色颗粒状细乳突（图3-56B：5~6）。花粉团蜡质金黄色，4枚排列紧密，呈近长方形（图3-56B：2）。

地理分布：产于台湾、湖北南部、香港、海南、广西大部分地区、四川南部、贵州西南部至北部、云南东南部至西北部、西藏东南部。生于海拔480~1 700m的山地林中树干上或山谷岩石上。国外分布于印度、尼泊尔、不丹、缅甸、泰国、老挝、越南。

物候期：花期4—5月。

用途：观赏、药用，为《中国药典2000版》收录的5种活性成分最丰富的石斛之一。

近似种：本种近似于矩唇石斛*D. linawianum*，但唇瓣圆形，中央具一枚黑色大斑块，亮紫色长圆形盔状花药帽，与后者的长圆形唇瓣，且具一对小黑色斑块，白色半圆形花药帽等相区别。

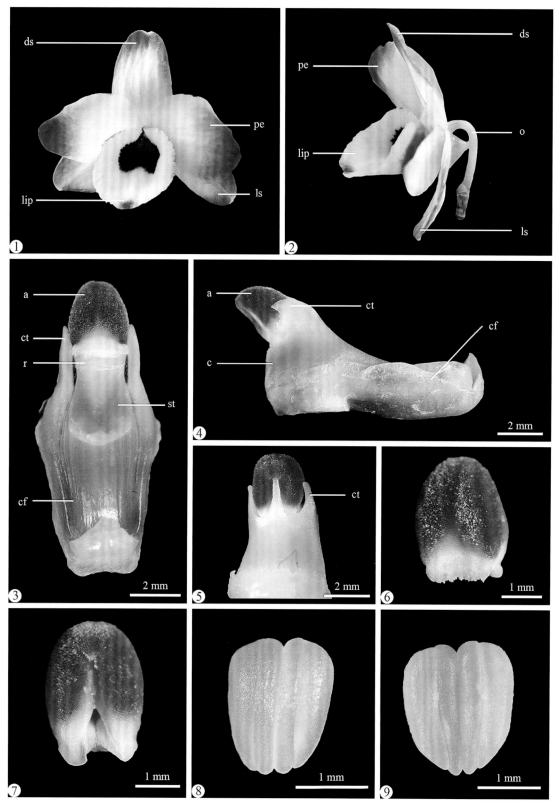

图3-56B　金钗石斛*Dendrobium nobile*花形态解剖特征

1.花的正面；2.4枚花粉团的正面；3~4.合蕊柱的正面（3）和侧面（4）；5~6.花药帽的背面（5）和腹面（6）。缩写：a＝花药；c＝合蕊柱；cf＝蕊柱足；ct＝蕊柱齿；ds＝中萼片；lip＝唇瓣；ls＝侧萼片；o＝子房；pe＝花瓣；r＝蕊喙；st＝柱头腔。

57. 铁皮石斛 *Dendrobium officinale* Kimura & Migo

别名：云南铁皮、黑节草。

植株形态：中小型附生草本。茎直立，圆柱形，不分枝，具多节，叶鞘常具紫色斑，老时其上缘与茎松离而张开，并且与节留下1个环状铁青的间隙。总状花序常从落了叶的老茎上部发出，花梗和子房黄绿色。（图3-57A）

花形态解剖特征：花黄色、浅绿色，舒展，质地薄。萼片和花瓣黄绿色，近相似，长圆状披针形，先端锐尖。侧萼片基部较宽阔；萼囊圆锥形（图3-57B：1、2）。唇瓣白色，基部具1个绿色或黄色的胼胝体，卵状披针形，比萼片稍短，中部反折，先端急尖，不裂或不明显3裂，中部以下两侧具紫红色条纹，边缘稍波状；唇盘密

图3-57A　铁皮石斛*Dendrobium officinale*

布细乳突状的毛，并且在中部以上具1个紫红色斑块（图3-57B：1、2、6）。合蕊柱和蕊柱足黄绿色，正面带紫红色斑，两者呈钝角；蕊柱齿黄绿色或白色，细小；蕊喙白色，肉质；柱头腔黄绿色或白色；蕊柱足扁平，正面微凹，密被紫红色条纹（图3-57B：3～5）。药帽白色长圆形盔状，顶端2深裂，裂片锐尖突出，正面底部截平，背面底部具宽沟槽；表面光滑平整具细乳突（图3-57B：7、8）。花粉团蜡质金黄色，4枚，长条形，两两成对（图3-57B：9）。

地理分布：产于安徽、浙江、福建、广西、四川、云南。生于海拔达1 600m的山地半阴湿的岩石上。模式标本采自中国（具体地点不详）。中国特有种。

物候期：花期3—6月。

用途：药用。本种为《中国药典2000版》收录的5种活性成分最丰富的石斛之一，素有"中华九仙草之首"之称。

近似种：本种与细茎石斛*D. moniliforme*和霍山石斛*D. huoshanense*近缘，但细茎石斛的合蕊柱和蕊柱足皆黄绿色，花药帽白色，圆盔状，顶端全缘，具白色细颗粒晶状体；霍山石斛的合蕊柱白色，蕊柱足黄绿色，花药帽半圆形盔状，具浅缺刻，具短刺状乳突。

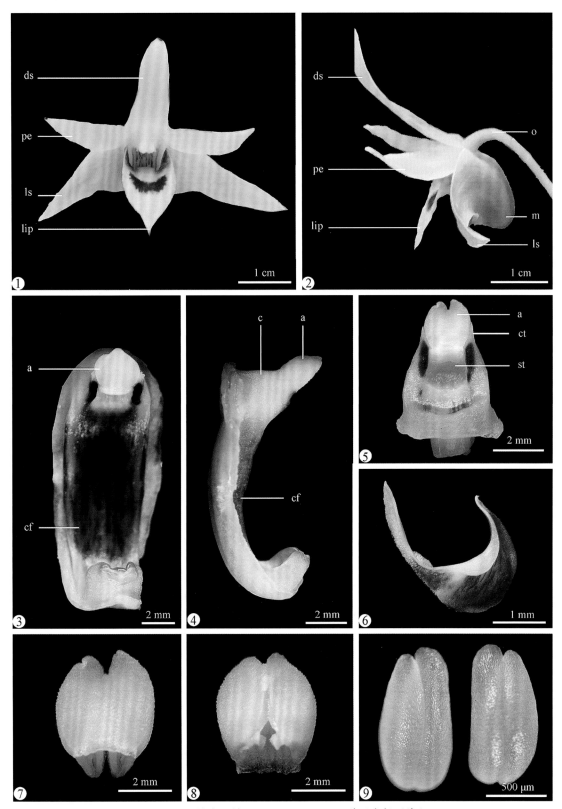

图3-57B　铁皮石斛*Dendrobium officinale*花形态解剖特征

1～2.花的正面（1）和侧面（2）；3～5.合蕊柱的正面（3、5）和侧面（4）；6.唇瓣对剖；7～8.花药帽的正面（7）、背面（8）；9.两对花粉团。缩写：a＝花药；c＝合蕊柱；cf＝蕊柱足；ct＝蕊柱齿；ds＝中萼片；lip＝唇瓣；ls＝侧萼片；m＝萼囊；o＝子房；pe＝花瓣；st＝柱头腔。

58. 紫瓣石斛 *Dendrobium parishii* H. Low

别名：麝香石斛。

植株形态：中型附生草本。茎斜立或下垂，粗壮，圆柱形，上部稍弯曲，不分枝，具数节，节间长达4cm。叶革质，狭长圆形，先端钝并且不等侧2裂，基部被白色膜质鞘。总状花序出自落了叶的老茎上部，具1~3朵花；花序柄基部被3~4枚套叠的短鞘；花苞片卵状披针形，先端锐尖；花梗和子房长4~5cm。（图3-58A）

花形态解剖特征：花大，开展，质地薄，紫色。中萼片倒卵状披针形，先端钝；侧萼片卵状披针形，与中萼片等长而稍较狭，先端渐尖。萼囊狭圆锥形，先端钝；花瓣宽椭圆形，比萼片稍短而宽得多，先端锐尖；唇瓣菱状圆形，先端锐尖，中部以下两侧围抱蕊柱，唇盘两侧各具1个深紫色斑块（图3-58A、图3-58B：1）。合蕊柱和蕊柱足皆浅紫色，两者成一弧线；侧蕊柱齿宽三角形，背蕊柱齿细长，紧贴花药帽背部；蕊喙白色透明，肉质；柱头腔较深，白色，内部具孔（图3-58B：2~4）。花药

图3-58A　紫瓣石斛*Dendrobium parishii*

帽深紫色，长圆形盔状，表面具紫色细颗粒状乳突，正面底部具浅紫色细齿（图3-58B：5、6）。花粉团金黄色蜡质，4枚排列呈长圆形（图3-58B：7）。

地理分布：产于云南东南部（文山）、贵州。海拔生境不详。印度东北部、缅甸、泰国、老挝、越南也有分布。

物候期：3—5月开花。

用途：观赏和药用。

近似种：本种与檀香石斛*D. anosmum*较为近似，但后者的唇瓣基部内拢合卷不明显，合蕊柱外露，且花粉团形态较细等，亟待进一步研究。

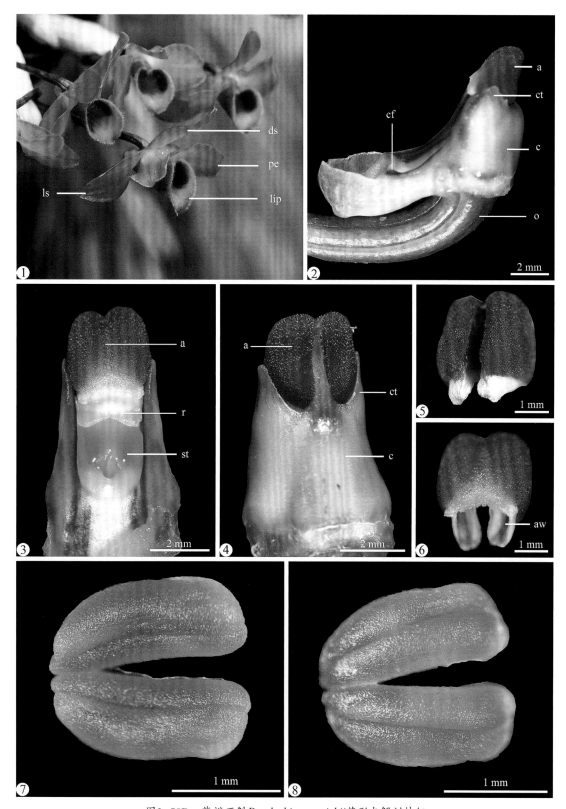

图3-58B　紫瓣石斛*Dendrobium parishii*花形态解剖特征

1.花序特征图；2.带子房的合蕊柱侧面；3～4.合蕊柱的正面（3）和背面（4）；5～6.紫色花药帽的背面（5）和正面（6）；7～8.4枚长棒状蜡质花粉团的正面（7）和背面（8）。缩写：a=花药；c=合蕊柱；cf=蕊柱足；ct=蕊柱齿；ds=中萼片；lip=唇瓣；ls=侧萼片；o=子房；pe=花瓣；r=蕊喙；st=柱头腔。

59. 肿节石斛 *Dendrobium pendulum* Roxb.

植株形态：大型附生草本。茎斜立或下垂，肉质状肥厚，圆柱形，不分枝，具多节，节肿大呈算盘珠子样，干后淡黄色带灰色。叶纸质，长圆形，先端急尖，基部具抱茎的鞘；叶鞘薄革质，干后鞘口稍张开。总状花序通常出自落了叶的老茎上部，具1～3朵花；花序柄较粗短，基部被1～2枚筒状鞘；花苞片浅白色，纸质，宽卵形，先端钝；花梗黄绿色，连同淡紫红色的子房长3～4cm。（图3-59A、图3-59B）

地理分布：产于云南南部（思茅、勐腊）。生于海拔1 050～1 600m的山地疏林中树干上。印度东北部、缅甸、泰国、越南、老挝也有分布。模式标本采自缅甸。

物候期：花期3—4月。

用途：观赏兼药用。

近似种：本种的花形与晶帽石斛*D. crystallinum*和棒节石斛*D. findlayanum*较为相似，但后两者的茎秆关节不膨大。本种与串珠石斛*D. falconeri*较为相似，皆具肿胀的茎节和相同的花色，但后者唇盘具明显的紫褐色斑块。

备注：本种的粗壮茎秆具肿胀膨大突起的关节，呈环状，较为典型而突出，是该种的物种鉴定识别特征之一。

图3-59A　肿节石斛*Dendrobium pendulum*

图3-59B 肿节石斛*Dendrobium pendulum*

60. 报春石斛 *Dendrobium polyanthum* Wall. ex Lindl.

植株形态：大型附生草本。茎下垂，肉质圆柱形，粗8～13mm，不分枝，具多数节，节间长2～2.5cm。总状花序具1～3朵花，花苞片浅白色，膜质，卵形，先端钝；花淡粉色，花梗和子房绿色。（图3-60A）

花形态解剖特征：花开展，萼片和花瓣淡玫瑰色（图3-60B：1、2）。中萼片狭披针形，先端近锐尖；侧萼片与中萼片同形而等大，萼囊狭圆锥形（图3-60B：2），末端钝，花瓣狭长圆形，全缘，唇瓣淡黄色带淡玫瑰色先端，宽倒卵形，中下部两侧围抱蕊柱（图3-60B：1、2），两面密布短柔毛，边缘具不整齐的细齿，唇盘具紫红色的脉纹（图3-60B：1）。合蕊柱和蕊柱足白色带紫色条纹；蕊喙白色肉质（图3-60B：3）。花粉团蜡质金黄色，单枚为弯曲棒状；4枚排列整齐为长圆形（图3-60B：5）。花药帽白色带紫色斑点，长圆形盔状，顶端截平，正面平整无凹槽，底部边缘有短绒毛，密布粗乳突颗粒，前端边缘宽凹缺（图3-60B：6、7）。

图3-60A　报春石斛*Dendrobium polyanthum*

地理分布：产于云南大部分地区。生于海拔700～1 800m的山地疏林中树干上。国外分布于从印度西北部经尼泊尔、印度东北部、缅甸、泰国、老挝、越南。

物候期：花期3—4月。

用途：药用兼观赏，是常见的园艺杂交亲本。

近似种：本种在花形上与兜唇石斛*D. aphyllum*较为相似，唇瓣基部内卷合拢为短喇叭状，但后者的花色较浅，为粉白色，长盔状花药帽顶端浅凹，背部具宽槽，花粉团4枚呈近心形。

图3-60B　报春石斛*Dendrobium polyanthum*花形态解剖特征

1～2.花的正面（1）和侧面（2）；3.合蕊柱的正面；4.4枚花粉团的正面，呈长圆形；5.一对花粉团的背面；6～7.花药帽的正面（6）和背面（7）。缩写：ac＝花药帽；cf＝蕊柱足；ct＝蕊柱齿；ds＝中萼片；lip＝唇瓣；ls＝侧萼片；m＝萼囊；o＝子房；p＝花粉团；pe＝花瓣；st＝柱头腔。

中国石斛属
花形态图志

61. 滇桂石斛 *Dendrobium scoriarum* W. W. Sm.

别名：广西石斛。

植株形态：热带附生兰，茎圆柱形，不分枝，具多数节；叶生于茎的上部；总状花序具1~3朵花，生于老茎上部，花苞片干膜质，浅白色。花梗和子房黄绿色。（图3-61A）

花形态解剖特征：花开展，萼片淡黄白色或白色，近基部稍带黄绿色。中萼片卵状长圆形，先端锐尖；侧萼片宽，斜卵状三角形，与中萼片等长，先端锐尖；花瓣与萼片同色，近卵状长圆形，先端钝；唇瓣白色或淡黄色，宽卵形，不明显3裂，先端锐尖，基部稍楔形，唇盘在中部前方具1个大的紫红色斑块并且密布绒毛（图3-61B：1）。合蕊柱和蕊柱足黄绿色，合蕊柱短粗，蕊柱足较长，两者构成直角；蕊柱齿白色，细小，短三角形；蕊柱足扁圆形，正面内凹，边缘具细绒毛，中下部有紫色斑块（图3-61B：2~4）。花药帽亮紫色，长椭

图3-61A　滇桂石斛*Dendrobium scoriarum*

圆形；顶端深2裂，裂片尖齿状；基部白色也深凹；正面和背面近平整，有压痕，几无明显沟槽或裂缝（图3-61B：5~8）。花粉团蜡质金黄色，两两成对，4枚轮廓为近心形（图3-61B：9、10）。

地理分布：产于广西、贵州、云南。生于海拔约1 200m的石灰山岩石上或树干上。

物候期：花期4—5月。

用途：观赏兼药用。

近似种：本种与始兴石斛*D. shixingense*较为相似，皆具唇瓣上的黑紫色斑块，且蕊柱足两侧具细齿；但后者的合蕊柱和蕊柱足均为深紫色，且花药帽上半部深紫色，下部浅紫色。

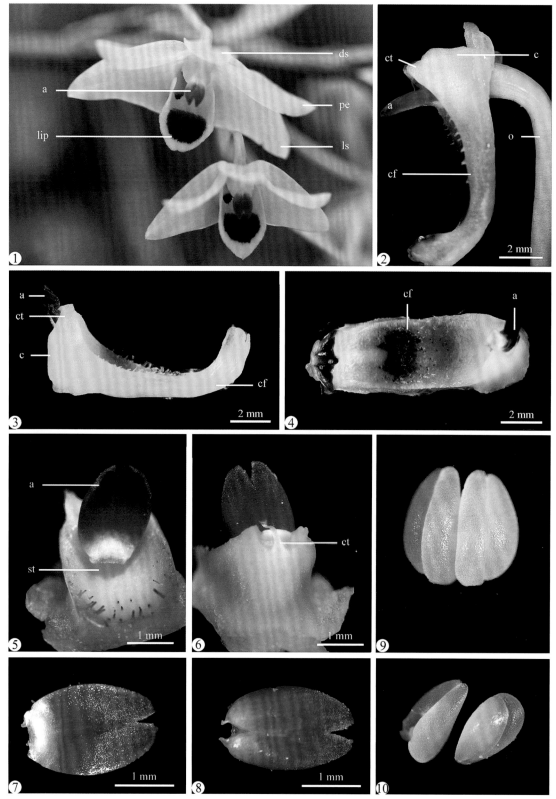

图3-61B　滇桂石斛*Dendrobium scoriarum*花形态解剖特征

1.花的正面；2～4.合蕊柱的侧面（2、3）、正面（4）；5～6.合蕊柱正面（5）、背面（6）；7～8.花药帽的正面（7）、背面（8）；9～10.4枚光滑花粉团。缩写：a=花药；c=合蕊柱；cf=蕊柱足；ct=蕊柱齿；ds=中萼片；lip=唇瓣；ls=侧萼片；o=子房；pe=花瓣；st=柱头腔。

62. 始兴石斛 *Dendrobium shixingense* Z. L. Chen, S. J. Zeng & J. Duan

植株形态：附生植物，茎聚生，直立或下垂，圆锥形。叶5～7枚互生于茎的上端，长圆状披针形，先端不等侧2裂。花序从落了叶的茎上发出，具1～3朵花。花苞片黄色，卵状三角形，宿存。（图3-62A）

图3-62A　始兴石斛*Dendrobium shixingense*

花形态解剖特征：花开展，粉白色。萼片淡粉红色，基部略带白色；花瓣粉色，下部略带淡粉红色，卵状椭圆形；唇瓣白色，先端边缘粉红色，宽卵形，基部楔形，边缘不明显3裂；唇盘中部前方具1个大紫色扇形斑块（图3-62B：1），上面密被短柔毛，基部有白色胼胝体，基部具龙骨脊，先端不明显3裂；中萼片卵状披针形；侧萼片呈偏斜的卵状披针形；萼囊圆锥形。合蕊柱紫色，短，约5mm；蕊柱足浅紫色，具深紫色条纹（图3-62B：3、4），花药帽上部深紫色，下部浅紫色（图3-62B：5、6），具4枚蜡质花粉团（图3-62B：2）。

地理分布：产于广东省始兴县、江西省。生于海拔400～600m的亚热带森林中树上或石上。

物候期：花期4—5月。

近似种：本种在花形上与滇桂石斛*D. scoriarum*较相似，皆具唇瓣上的黑紫色斑块，且蕊柱足两侧具细齿，但后者合蕊柱和蕊柱足皆为黄绿色，区别明显。

图3-62B　始兴石斛*Dendrobium shixingense*的花形态解剖特征

1.花的正面，示唇瓣长圆形，具明显黑色斑块；2.4枚分离的花粉团；3～4.合蕊柱正面（3）和侧面（4）；5～6.花药帽正面（5）及侧面（6）。缩写：a＝花药；c＝合蕊柱；cf＝蕊柱足；ds＝中萼片；lip＝唇瓣；ls＝侧萼片；pe＝花瓣。

63. 紫婉石斛 *Dendrobium transparens* Wall. ex Lindl.

植株形态：茎圆柱形，具多节，节稍增厚，节间长2～3cm。生在幼茎上的叶，线状披针形，先端斜，锐尖，边缘全缘，基部具鞘；叶鞘干燥时苍白色，纸质。从老的或落叶的茎的节上成对地开出花。花苞片宽披针形，鳞状，先端渐尖。花梗和子房长约2.2cm。（图3-63A）

花形态解剖特征：花开展，白色，唇瓣中部有深紫红色斑块（图3-75B：1）。萼片近等长，披针形，渐尖，萼囊明显（图3-75B：2）。花瓣长卵形，唇瓣倒卵形或近圆形，基部两侧围抱蕊柱呈狭喇叭状，内被紫色短柔毛。合蕊柱和蕊柱足均为浅黄色带紫韵，前者较短，约4mm，具阔三角形的蕊柱齿3枚，柱头腔边缘具一圈紫环（图3-75B：3～7）；后者较长，约8mm，先端与唇瓣基部愈合呈空腔（图3-75B：3、4）。花药帽长盔帽状，白色带紫，表面具明显乳突（图3-75B：3～7、9）。花粉团4枚，金黄色（图3-75B：8、10）。

图3-63A　紫婉石斛*Dendrobium transparens*

地理分布：喜马拉雅到中国云南，越南西北部有分布。生于海拔1 100m的亚热带常绿林中。

物候期：花期4—5月。

近似种：本种与喇叭唇石斛*D. lituiflorum*较为相似，唇瓣基部皆具紫红色斑块，且内卷合拢为管状，蕊柱足正面具线状紫色条斑纹，但后者花色为紫红泛白色，花药帽为紫色。

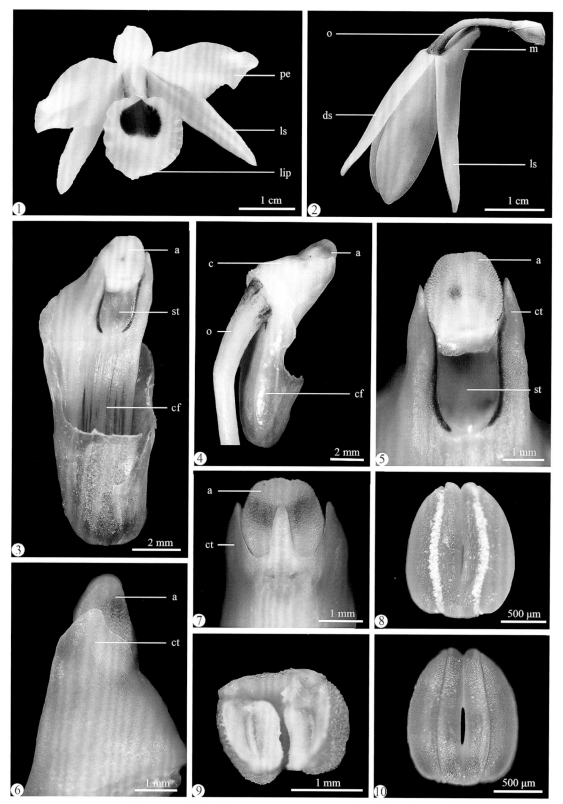

图3-63B 紫婉石斛*Dendrobium transparens*花形态解剖特征

1~2.花的正面（1）和侧面（2）；3~7.合蕊柱的正面（3、5）、侧面（4、6）和背面（7）；8.花粉团的正面；9.花药帽底面花药壁；10.花粉团背面。缩写：a=花药；c=合蕊柱；cf=蕊柱足；ct=蕊柱齿；ds=中萼片；lip=唇瓣；ls=侧萼片；m=萼囊；o=子房；pe=花瓣；st=柱头腔。

64. 王亮石斛 *Dendrobium wangliangii* G. W. Hu，C. L. Long & X. H. Jin

别名：王氏石斛、五色石斛、金沙江石斛。

植株形态：多年生附生草本，具匍匐根状茎。茎不分枝，具3~6节，叶稀少2~4，呈短椭圆形，叶鞘紧紧抱茎，膜质，白色。单花生于落叶后的茎干上，花梗和子房1.5~2cm。（图3-64A）

图3-64A　王亮石斛*Dendrobium wangliangii*

花形态解剖特征：花大，浅紫色或浅粉色带浅黄，常单生（图3-64A）。萼片狭长，萼囊粗短；花瓣椭圆形，边缘稍外卷；唇瓣宽大，基部白色带一对浅黄色斑块，密被短柔毛，先端圆形或扇形、浅粉（图3-64B：1、2）。合蕊柱和蕊柱足均为浅紫带有深紫色条纹，前者较短，约2mm，具肉质短三角形蕊柱齿（图3-64B：3~5）；后者较长，约5mm，正面具深紫色条纹（图3-64B：3~5）。花药帽白色，半圆形盔状，顶部具明显凹陷，外壁密被粗颗粒晶状乳突，基部具不规则浅裂（图3-64B：6、7）。花粉团4枚，细长棒状，蜡质，金黄色（图3-64：8）。

地理分布：产于云南北部。生长在海拔约2 200m的栎属为主的落叶和常绿混交林中。

用途：本种株形较为矮小，花色艳丽，颇具观赏价值，可作为迷你盆栽。

近似种：本种与美花石斛*D. loddigesii*较相似，但后者茎秆圆柱形，节间较长；唇盘具一枚黄色斑块；花药帽长球形盔状，顶部具明显凹陷。

图3-64B　王亮石斛*Dendrobium wangliangii*花形态解剖特征

1～2.花的正面；3～5.合蕊柱的正面（3）、侧面（4）和背面（5）；6～7.带花粉团的花药帽正面（6）和背面（7）；8.两对花粉团。缩写：a＝花药；ac＝药帽；c＝合蕊柱；cf＝蕊柱足；ct＝蕊柱齿；ds＝中萼片；lip＝唇瓣；ls＝侧萼片；o＝子房；p＝花粉团；pe＝花瓣；st＝柱头腔。

65. 大苞鞘石斛 *Dendrobium wardianum* R. Warner

别名：腾冲石斛。

植株形态：大型粗壮附生兰。茎斜立或下垂，肉质状肥厚，圆柱形，不分枝，具多节；节间稍肿胀呈棒状，干后硫黄色。叶薄革质，2列，狭长圆形，先端急尖，基部具鞘；叶鞘紧抱于茎，干后鞘口常张开。总状花序从落了叶的老茎中部以上部分发出，具1~3朵花；花序柄粗短，基部具3~4枚宽卵形的鞘；花苞片纸质，大型，宽卵形，先端近圆形。（图3-65A）

花形态解剖特征：花大，开展，白色带紫色先端。中萼片长条形，有时边缘反卷；侧萼片与中萼片近等大，先端锐尖。花瓣阔卵形，与中萼片等长而较宽，边缘不平整，不规则反卷或具缺刻。唇瓣长圆形，白色，先端反卷带紫色；中部及以下为橙黄色，带一对褐色斑块；基部两侧围抱蕊柱；两面密布短毛，唇盘两侧各具1个暗紫色斑块（图3-65A、图3-65B：1）。合蕊柱和蕊柱足浅绿色，正面带紫色纵条纹和紫色斑；侧蕊柱齿小，短宽片状，蕊柱足细长，紧贴花药帽背部；蕊喙白色，肉质片状；柱头腔长圆形，白色（图3-65B：2~6）。花药帽圆锥形，白色；正面顶部全缘光滑无缺刻或凸起，基部具细齿状乳突；背面基部具宽槽（图3-65B：7、8）。花粉团蜡质金黄色，4枚排列紧密，呈近心形（图3-65B：9）。

图3-65A 大苞鞘石斛*Dendrobium wardianum*

地理分布：产于云南东南部至西部（金平、勐腊、镇康、腾冲、盈江）。生于海拔1 350~1 900m的山地疏林中树干上。不丹、印度东北部、缅甸、泰国、越南也有分布。

物候期：花期3—5月。

用途：观赏兼药用。

近似种：本种与杯鞘石斛*D. gratiosissimum*较相似，但后者的唇瓣无斑块，唇盘为金黄色。

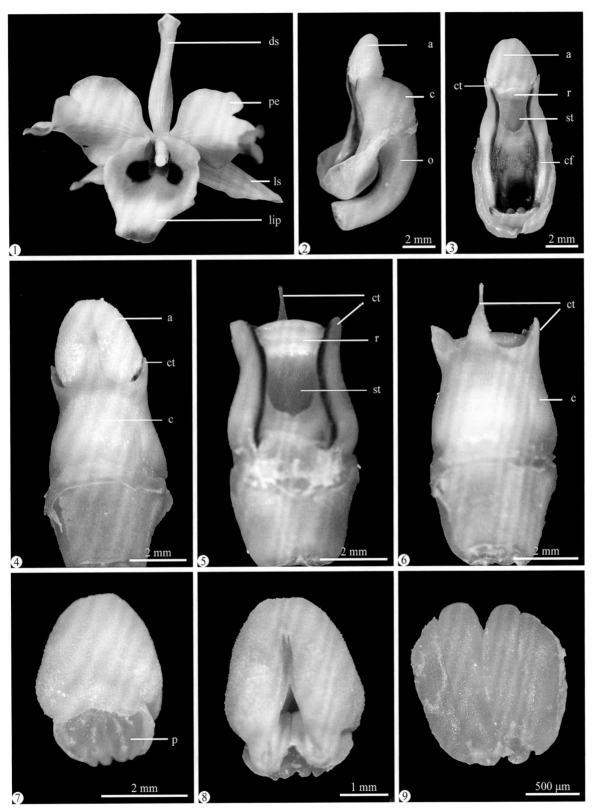

图3-65B　大苞鞘石斛*Dendrobium wardianum*花形态解剖特征

1.花的正面；2~4.合蕊柱的侧面（2）、正面（3）和背面（4）；5~6.去花药后的合蕊柱的正面（5）和背面（6），示柱头腔、蕊喙和蕊柱齿；7~8：花药帽的正面（7）和背面（8）；9.4枚花粉团轮廓近圆形。缩写：a＝花药；c＝合蕊柱；cf＝蕊柱足；ct＝蕊柱齿；ds＝中萼片；lip＝唇瓣；ls＝侧萼片；o＝子房；p＝花粉团；pe＝花瓣；r＝蕊喙；st＝柱头腔。

66. 广东石斛 *Dendrobium wilsonii* Rolfe

植株形态：中小型附生草本。茎直立或斜立，细圆柱形，不分枝，具少数至多数节，干后淡黄色带污黑色。总状花序1～4个，花苞片干膜质，浅白色，中部或先端栗色；花白色、浅粉色，或红色，花梗和子房白色。（图3-66A）

图3-66A　广东石斛*Dendrobium wilsonii*

花形态解剖特征：花大，乳白色或粉色，或浅黄色，开展。中萼片与侧萼片近等长，均为长披针形，先端渐尖，萼囊明显，呈长角状。花瓣长披针形。唇瓣卵状披针形，比萼片稍短而较宽，3裂或不明显3裂，基部楔形，其中央具1个胼胝体；侧裂片直立，半圆形；中裂片卵形，先端急尖；唇盘中央具1个黄绿色的斑块，密布短毛（图3-66B：1、2）。合蕊柱白色，短粗；蕊柱足浅褐色，正面常具淡紫色斑点；蕊柱齿短宽三角形，不明显；蕊喙肉质，呈厚实片状（图3-66B：3～5）。花粉团蜡质金黄色，4枚排列紧密呈近圆形或方形（图3-66B：6、7）。药帽近半球形，顶部全缘，表面平整光滑（图3-66B：8）。

地理分布：产于福建东南部、湖北西南部至西部、湖南北部、广东西南部至北部、广西南部至东部、四川南部、贵州西北部至东北部、云南南部。生于海拔1 000～1 300m的山地阔叶林中树干上或林下岩石上。

物候期：花期5月。

备注：本种在栽培条件下会出现花色变异的不同个体，有白花、粉花、浅黄花等，可作为花卉品种选育资源。

图3-66B 广东石斛Dendrobium wilsonii花形态解剖特征

1～2.花的正面（1）和侧面（2）；3～5.合蕊柱的正面（3）极面（4）和侧面（5）；6～7.4枚花粉团（酒精处理）的背面（6）和2枚花粉团（新鲜材料）正面（7）；8.花药帽的内部。缩写：a＝花药；c＝合蕊柱；cf＝蕊柱足；ds＝中萼片；lip＝唇瓣；ls＝侧萼片；pe＝花瓣；st＝柱头腔。

九、基肿组 Sect. *Crumenata* Pfitz.

茎质地硬，圆柱形或扁圆柱形，基部上方少数节间肿大呈纺锤形。叶扁平，两侧压扁，压扁状圆柱形或近圆柱形。花序退化为单朵花；萼囊角状，唇瓣3裂。本组模式种：*D. crumenatum* Sw. 我国有4种，本书收录3种，根据花形态特征，编制以下分种检索表。

基 肿 组 分 种 检 索 表

1.叶扁平，呈卵状长圆形。······················· 67.木石斛*D. crumenatum*

1.叶圆柱形。···（2）

2.叶扁圆柱形，节间不明显，花药帽长圆形，上宽下窄。············· 68.景洪石斛*D. exile*

2.叶细圆柱形，节间明显，花药帽近圆锥形，上窄下宽。············· 69.针叶石斛*D. pseudotenellum*

67. 木石斛 *Dendrobium crumenatum* Sw.

别名：鸽石斛、森斛、木斛。

植株形态：茎稍压扁状圆柱形，上部细，基部上方3～4个节间膨大呈纺锤状；膨大部分的茎粗达2cm，常具纵条棱。叶扁平，2列互生于茎的中部，革质，卵状长圆形，先端钝并且不等侧2裂，基部具抱茎的鞘。花出自茎上部落了叶的部分，通常单生，白色或有时先端具粉红色，有浓香气；花苞片椭圆形；花梗和子房微红色。（图3-67A）

花形态解剖特征：花白色；中萼片卵状披针形；侧萼片斜卵状披针形，稍比中萼片大；萼囊长圆锥形；花瓣倒卵状长圆形先端近锐尖（图3-67A、图3-67B：1、2）。蕊柱浅黄色，上端包含先端较钝的蕊柱齿；具白色蕊喙，柱头腔凹陷，基部具发达的蕊柱足（图3-67B：2～5）。药帽浅黄白色（图3-67B：6、7）。具4枚浅黄色、棒状蜡质花粉团，近等大（图3-67B：8、9）。

地理分布：产于台湾（绿岛）。缅甸、老挝、越南、柬埔寨、马来西亚、印度尼西亚、斯里兰卡、菲律宾也有分布。模式标本采自印度尼西亚。

物候期：花期9月。

用途：观赏。

近似种：本种在花蕾期或花末期花瓣合拢不舒展，从侧面看，萼囊长角形，与景洪石斛*D. exile*的花较为相似，但后者茎秆细圆柱形，叶片柱状为针叶形。

图3-67A　木石斛*Dendrobium crumenatum*

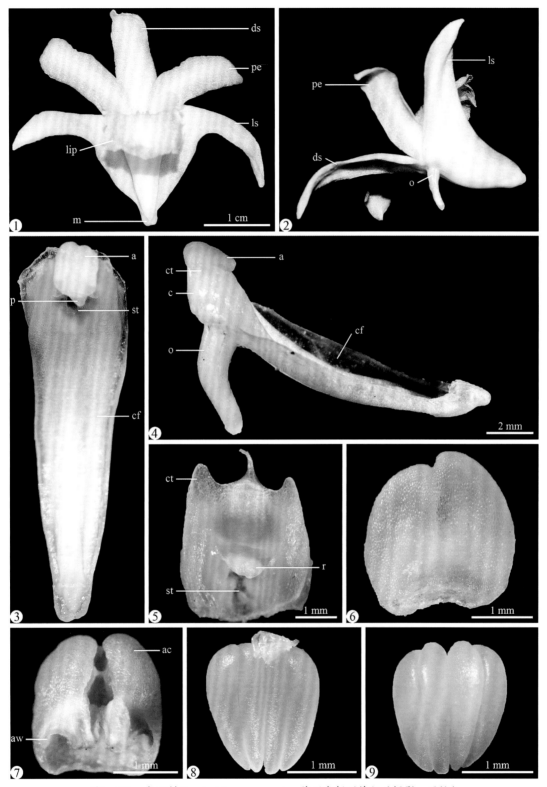

图3-67B　木石斛*Dendrobium crumenatum*花形态解剖特征（摄影：罗艳）

1～2.花的正面（1）和侧面（2）；3～4.合蕊柱的正面（3）和侧面（4），示蕊柱足长且扁平，子房短、圆柱形；5.合蕊柱顶部，示柱头腔、蕊喙、蕊柱齿；6～7.花药帽的正面（6）和背面（7）；8～9.4枚长棒状花粉团的正面（8）和背面（9）。缩写：a＝花药；ac＝花药帽；aw＝花药壁；c＝合蕊柱；cf＝蕊柱足；ct＝蕊柱齿；ds＝中萼片；lip＝唇瓣；ls＝侧萼片；o＝子房；p＝花粉团；pe＝花瓣；r＝蕊喙；st＝柱头腔。

68. 景洪石斛 *Dendrobium exile* Schltr.

植株形态：茎直立，细圆柱形，木质化，上部常分枝，基部上方2～3个节间膨大呈纺锤形。膨大部分的茎肉质，具4条棱，幼时被浅白色的膜质鞘，老时赤褐色并且具光泽。叶通常互生于分枝的上部，直立，扁压状圆柱形，先端锐尖，基部具革质鞘。花序减退为单朵花，侧生于分枝的顶端，白色，开展；花苞片卵形，先端钝尖；花梗和子房纤细，长约1cm。（图3-68A）

图3-68A　景洪石斛*Dendrobium exile*（摄影：罗艳）

花形态解剖特征：花白色，开展。萼片和花瓣近披针形，先端长渐尖；侧萼片约等大于中萼片（图3-68B：1、2）；唇瓣基部楔形，中部以上3裂。侧裂片斜半卵状三角形，内面具少数淡紫色斑点，先端钝，前端边缘波状。中裂片狭长圆形，先端急尖，边缘波状；唇盘黄色，被稀疏的长柔毛，从基部至先端纵贯3条龙骨脊（图3-68B：3）。蕊柱长2mm，蕊柱足近基部具1个胼胝体（图3-68B：4、5）。药帽圆锥形（图3-68B：6、7），花粉团4枚，黄色（图3-68B：8、9）。

地理分布：产于云南南部（景洪、勐腊）。生于海拔660～800m的疏林中树干上。国外分布于越南、泰国。模式标本采自泰国。

物候期：花期10—11月，果期11—12月。

近似种：化形和萼囊上，本种近似于木石斛*D. crumenatum*，皆为细长花形，但后者茎秆上部膨大为纺锤形，较粗壮，叶片长披针形。

图3-68B　景洪石斛*Dendrobium exile*花形态解剖特征（摄影：罗艳）

1.花形正面；2.花结构；3.唇瓣特征；4~5.合蕊柱正面（4）及上部特写（5）；6~7.长盔状花药帽的背面（6）和正面（7）；8~9.4枚长棒状花粉团的正面（8）和背面（9）。缩写：a=花药；c=合蕊柱；cf=蕊柱足；ct=蕊柱齿；ds=中萼片；lip=唇瓣；ls=侧萼片；pe=花瓣；r=蕊喙；st=柱头腔。

69. 针叶石斛 *Dendrobium pseudotenellum* Guillaumin

　　植株形态： 茎质地硬，直立，纤细，除基部2个节间肿大呈纺锤形的假鳞茎外，其余为圆柱形，长30~43cm，粗约2mm，不分枝，具多个节；节间长1~3.5cm，干后黄褐色，具光泽。叶肉质，斜立，纤细，2列疏生，近圆柱形，先端锐尖，基部具紧抱于茎的鞘。（图3-69A）

图3-69A　针叶石斛*Dendrobium pseudotenellum*

　　花形态解剖特征： 花白色，很小，质地薄，花苞片卵形，先端锐尖（图3-69B：1）。花梗和子房纤细；中萼片长圆形，先端钝；侧萼片斜卵状三角形，比中萼片大得多，先端稍锐尖，基部十分歪斜；萼囊大，长圆锥形，先端钝；花瓣长圆形，先端钝；唇瓣倒卵形（图3-69B：1、2）。蕊柱长约2mm，具长约8mm的蕊柱足，蕊柱足基部具1个胼胝体。具4枚分离花粉团（图3-69B：3、4）。药帽前端近截形，表面近光滑（图3-69B：5~7）。

　　地理分布： 产于云南南部（勐腊）。生于海拔约900m的山地林中树干上。国外分布于越南，模式标本采自越南。

　　物候期： 花期为春末夏初。

　　近似种： 在叶形和花形方面，本种近似于景洪石斛*D. exile*，且花药帽形态均为长盔形，但后者的花药帽上部宽且浅裂，下部变窄。

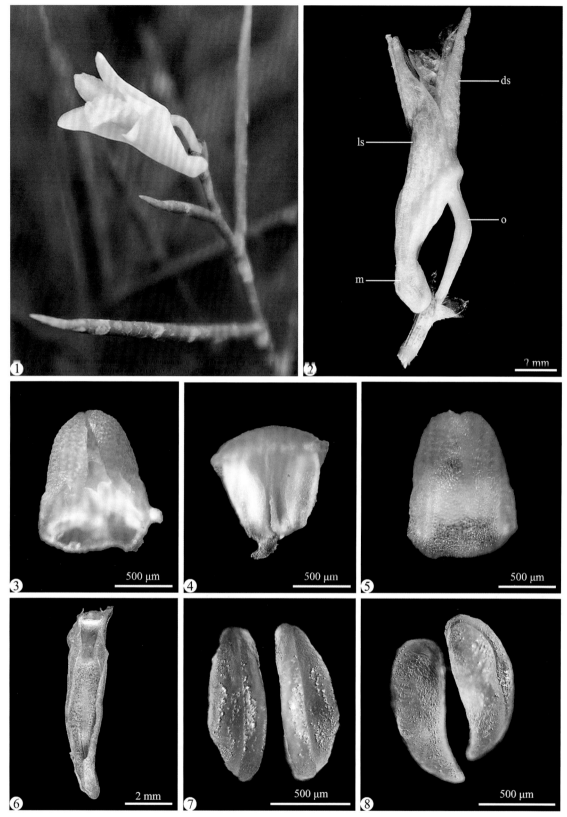

图3-69B 针叶石斛*Dendrobium pseudotenellum*花形态解剖特征

1.植株上的单花侧面；2.带花梗和子房的花侧面，示萼囊；3～5.花药帽的背面（3）、底面（4）和正面（5）；6.合蕊柱的正面；7～8.花粉团的背面（7）和侧面（8）。缩写：ds＝中萼片；ls＝侧萼片；m＝萼囊；o＝子房。

十、剑叶组 Sect. *Aporum*（Bl.）Lindl.

　　茎质地坚硬，扁圆柱形，干后具光泽。叶肉质状，2列，通常紧密套叠，两侧压扁呈短剑状，基部歪斜而较宽，与叶鞘相连接处明显具1个关节。短总状花序具1至数朵小花。我国有3种。本文收录2种，根据形态特征，编制以下分种检索表。

剑 叶 组 分 种 检 索 表

1.花侧生于落叶茎秆，唇瓣近圆形，先端不裂，边缘具明显褶皱，萼囊较粗。………………………
……………………………………………………………………… 70.剑叶石斛*D. spatella*

1.花顶生于具有叶片的茎秆顶端，唇瓣长圆形，先端2裂，边缘平整无褶皱，萼囊较细。…………
………………………………………………………………………… 71.刀叶石斛*D. terminale*

70. 剑叶石斛 *Dendrobium spatella* Rchb. f.

　　植株形态：茎直立，近木质，扁三棱形，不分枝，具多个节。叶2列，斜立，稍疏松地套叠或互生，厚革质或肉质，两侧压扁呈短剑状或匕首状，先端急尖。花序侧生于无叶的茎上部，具1～2朵花，几无花序柄；花苞片很小；花很小，白色或浅黄色。（图3-70A）

　　花形态解剖特征：花色白色或浅黄色（图3-70A；图3-70B：1、2），中萼片近卵形，先端钝；侧萼片斜卵状

图3-70A　剑叶石斛*Dendrobium spatella*

三角形，先端急尖；萼囊狭窄；花瓣长圆形，与中萼片等长而较窄，先端圆钝；唇瓣白色带微红色，中部略黄色，贴生于蕊柱足末端，近匙形，先端圆形，子房花梗浅黄色（图3-70B：1、2）；蕊柱很短，具发达的蕊喙与柱头腔（图3-70B：3、4）；药帽浅黄色，前端边缘具微齿（图3-70B：5、6）；4枚浅黄色、肾形、蜡质花粉团，近等大（图3-70B：7、8）。

　　地理分布：产于福建南部（南靖）、香港、海南（三亚市、保亭、乐东等）、广西西南部（大新）、云南南部（勐腊、景洪、勐海）。生于海拔260～270m的山地林缘树干上和林下岩石上。国外分布于印度东北部、缅甸、老挝、越南、柬埔寨及泰国。

　　物候期：花期3—9月，果期10—11月。

　　用途：药用。

　　近似种：在国产剑叶组种类里，本种在花形态上与刀叶石斛*D. terminale*较为相似，但后者的花为茎秆顶生或侧生，且唇瓣前端边缘平整无褶皱，具明显缺刻。

图3-70B 剑叶石斛*Dendrobium spatella*花形态解剖特征

1.花的正面；2.去花瓣后的结构，示萼囊长角状；3.带子房和唇瓣的合蕊柱侧面，示蕊柱足较长与唇瓣基部相连；4.合蕊柱正面，示柱头腔和蕊喙；5～6.花药帽内部（5）和背面（6）；7～8.4枚花粉团轮廓（7）和单枚花粉团（8）。缩写：a=花药；aw=花药壁；c=合蕊柱；ds=中萼片；lip=唇瓣；ls=侧萼片；m=萼囊；o=子房；p=花粉团；pe=花瓣；r=蕊喙；st=柱头腔。

71. 刀叶石斛 *Dendrobium terminale* C. S. P. Parish & Rchb. f.

植株形态：茎秆近木质化、直立，有时上部分枝，扁三棱形，连同叶鞘粗约5mm，基部收狭，具多个节，节间长约1cm。叶2列，疏松套叠，厚革质或肉质，斜立，两侧压扁呈短剑状或匕首状，先端急尖；总状花序顶生或侧生。花序柄很短，常具1~3朵花，基部具数枚膜质鞘；花苞片短小；花梗和子房纤细。（图3-71A）

花形态解剖特征：花小，淡黄色或浅粉色。中萼片卵状长圆形，先端近锐尖。侧萼片斜卵状三角形，先端锐尖，基部很歪斜。萼囊狭长（图3-71B：1~3）；花瓣狭长圆形，先端近钝，具条脉。唇瓣贴生于蕊柱足末端，近匙形，先端2裂（图3-71B：4），前端边缘波状皱褶。蕊柱长约1mm；药帽前端边缘截形并且具细齿（图3-71B：5、6）。黄色花粉团4枚，水滴形（图3-71B：7）。

地理分布：产于云南南部（勐腊）。生于海拔850~1080m的山地林缘树干上或山谷岩石上。国外分布于印度东北部、缅甸、泰国、越南、马来西亚。模式标本采自缅甸。

图3-71A　刀叶石斛*Dendrobium terminale*

物候期：花期9—11月。

近似种：本种在叶形和花形上与剑叶石斛*D. spatella*相似，但本种的花色黄绿或浅红，唇瓣圆形，先端2裂，与后者的浅粉色和唇瓣边缘呈波浪状褶皱。

图3-71B 刀叶石斛*Dendrobium terminale*花形态解剖特征

1.花侧面；2~3.去唇瓣后的花正面（2）和背面（3），各示蕊柱足和萼囊；4.唇瓣的正面和背面；5~6.花药帽的背面（5）和正面（6）；7.4枚水滴形花粉团。缩写：a=药帽；aw=花药壁；cf=蕊柱足；ds=中萼片；lip=唇瓣；ls=侧萼片；m=萼囊；o=子房；pe=花瓣；st=柱头腔。

十一、圆柱叶组 Sect. *Strongyle* Lindl.

茎质地坚硬，扁圆柱形，干后具光泽。叶肉质，2列，疏松地互生，半圆柱形或钻状圆柱形，基部稍宽。总状花序减退为1～2朵小花。本组模式种：*D. subulatum*（Bl.）Lindl.（*Onychium subulatum* Bl.）。我国有2种：海南石斛*D. hainanense* Rolfe和少花石斛*D. parciflorum* Rchb. f. ex Lindl.，本书收录1种。

72. 海南石斛 *Dendrobium hainanense* Rolfe

植株形态：植株矮小，如丛生草本。茎质地硬，直立或斜立，扁圆柱形，不分枝，具多个节；节间稍呈棒状，长约1cm。叶厚肉质，2列互生，半圆柱形，先端钝，基部扩大呈抱茎的鞘，中部以上向外弯。（图3-72A）

图3-72A　海南石斛*Dendrobium hainanense*

花形态解剖特征：花小，白色，单生于茎上部；花苞片膜质，卵形；花梗和子房纤细；中萼片卵形，先端稍钝；侧萼片卵状三角形，先端锐尖，基部十分歪斜；萼囊长约10mm，弯曲向前；花瓣狭长圆形，先端急尖；唇瓣倒卵状三角形，先端凹缺，前端边缘波状，基部具爪（图3-72B：1～2）。蕊柱具长约1cm的蕊柱足（图3-72B：3～6）。具4枚分离花粉团（图3-72B：7、9）。药帽白色（图3-72B：8、10）。

地理分布：产于香港、海南（三亚市、陵水、琼中、昌江、白沙、定安）。生于海拔1 000～1 700m的山地阔叶林中树干上。国外分布于越南、泰国。模式标本采自海南。

用途：观赏兼药用。

图3-72B　*海南石斛Dendrobium hainanense*花形态解剖特征

1~2.花的正面（1）和侧面（2）；3~5.合蕊柱及蕊柱足的正面（3）、侧面（4）和背面（5）；6.合蕊柱上部，示柱头腔；7、9.一对和4枚分离的蜡质花粉团；8、10.花药帽的正面（8）和底部（10）。缩写：a=花药；b=苞片；c=合蕊柱；cf=蕊柱足；ds=中萼片；lip=唇瓣；ls=侧萼片；o=子房；pe=花瓣；st=柱头腔。

十二、禾叶组 Sect. *Grastidium*（Bl.）J. J. Smith

茎秆细圆柱形，质地坚硬，具光泽。叶禾草状。花序轴或花序柄很短，具1～4朵小花。我国有4种。本文收录了竹枝石斛的植株形态图供参考。

73. 竹枝石斛 *Dendrobium salaccense*（Blume）Lindl

植株形态：茎似竹枝，直立，圆柱形，长达1m余，近木质，不分枝，具多节；节间长2～2.5cm，被叶鞘所包裹。叶2列，狭披针形，向先端渐尖，先端一侧稍钩转，基部收窄为叶鞘；叶鞘与叶片相连接处具1个关节。花序与叶对生并且穿鞘而出，具1～4朵花；花序柄很短，基部被2～3枚苞片；花苞片淡褐色，近蚌壳状；花梗和子房黄绿色，纤细。（图3-73A）

花形态解剖特征：花小，黄褐色，开展；中萼片近椭圆形，先端锐尖，具9条脉；侧萼片斜卵状披针形，与中萼片近等大，先端锐尖，基部贴生在蕊柱足上；花瓣近长圆形，与中萼片等长，但稍窄，先端锐尖，具3条脉，其靠边缘的脉分枝；唇瓣紫色，倒卵状椭圆形，先端圆形，并且具1个短尖，上面中央具1条黄色的龙骨脊，近先端处具1个长条形的胼胝体（图3-73B：1～4）。蕊柱黄色，有两条紫色条纹（图3-73B：5）。花药具4枚花粉团，黄色，单枚花粉团长条形（图3-73B：7）。药帽黄色，圆锥形，密被乳突（图3-73B：6）。

图3-73A　竹枝石斛*Dendrobium salaccense*

地理分布：产于海南、云南南部、西藏。常生于海拔710～1 000m的林中树干上或疏林下岩石上。国外分布于缅甸、泰国、老挝、越南、马来西亚、印度尼西亚。模式标本采自印度尼西亚（爪哇）。

物候期：花期2—4（—7）月。

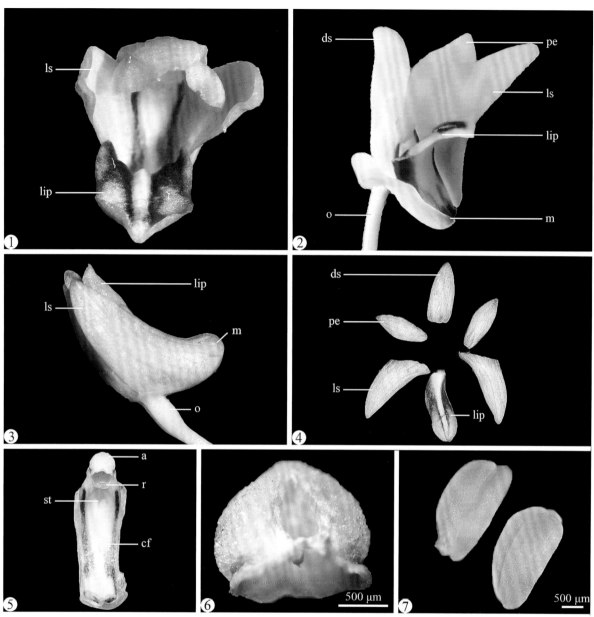

图3-73B　竹枝石斛*Dendrobium salaccense*花形态解剖特征（摄影：罗艳）

1～2.花的正面（1）和侧面（2）；3.花苞；4.花解剖；5.合蕊柱正面；6.花药帽背面；7.花粉团。缩写：a—花药；cf—蕊柱足；ds—中萼片，lip—唇瓣，ls—侧萼片；m—萼囊；o—子房；pe=花瓣；r=蕊柱；st=柱头腔。

第四章

国外引种栽培石斛属
植物的花形态

由于花色鲜艳，花形独特，花期较长，大部分石斛属植物都具有较高观赏价值，为国际园艺界赫赫有名的四大观赏洋兰之一。我国市场上现有的国外引种栽培石斛植物，在园艺花卉生产实践中，具有不同的俗名或商品名，为中国石斛属野生种质资源的保护和利用带来了不便。本书挑选了产自国外的27种石斛属植物，通过解剖镜观察记录了它们的花形态特征，按每种植物拉丁学名的种加词首字母顺序，依次记录了它们的植物基本信息。其中，关于国外引种栽培植物的中文名，作者查阅了它们作为新种发表时的原始文献，根据工具书《植物学名解释》（丁广奇、王学文，1984），梳理了它们的拉丁学名含义，结合现有的流通商品名，草拟了每种植物的中文名，仅供参考。

1.白血红色石斛*Dendrobium albosanguineum* Lindl. & Paxton

2.粉红灯笼石斛*Dendrobium amabile*（Lour.）O' Brien

3.檀香石斛*Dendrobium anosmum* Lindl.

4.本斯石斛*Dendrobium bensoniae* Rchb. f.

5.酷姆石斛*Dendrobium cumulatum* Lindl.

6.小豆齿石斛*Dendrobium delacourii* Guillaumin

7.龙石斛*Dendrobium draconis* Rchb. f.

8.红鸽子石斛*Dendrobium faciferum* J. J. Sm.

9.四角石斛*Dendrobium farmeri* Paxton

10.漏斗石斛*Dendrobium infundibulum* Lindl.

11.澳洲石斛*Dendrobium kingianum* Bidwill ex Lindl.

12.尖唇石斛*Dendrobium linguella* Rchb. f.

13.林生石斛*Dendrobium nemorale* L. O. Williams

14.血喉石斛*Dendrobium ochraceum* De Wild.

15.黑喉石斛*Dendrobium ochreatum* Lindl.

16.少花黄绿石斛*Dendrobium parcum* Rchb. f.

17.蜻蜓石斛*Dendrobium pulchellum* Roxb. ex Lindl.

18.玫香石斛*Dendrobium roseiodorum* Sathap.，T.Yukawa & Seelanan

19.桑德石斛*Dendrobium sanderae* Rolfe

20.红牙刷石斛*Dendrobium secundum*（Blume）Lindl. ex Wall.

21.绒毛石斛*Dendrobium senile* C. S. P. Parish & Rchb. f.

22.黄喉石斛*Dendrobium signatum* Rchb. f.

23.羚羊角石斛*Dendrobium stratiotes* Rchb. f.

24.扭瓣石斛*Dendrobium tortile* Lindl.

25.越南扁石斛*Dendrobium trantuanii* Perner & X. N. Dang

26.独角石斛*Dendrobium unicum* Seidenf.

27.越南石斛*Dendrobium vietnamense* Aver.

1. 白血红色石斛 *Dendrobium albosanguineum* Lindl. & Paxton

植株形态：附生兰，植株高20～45cm，花序向下弯曲。花奶白色，花径大小6～8cm。唇瓣基部向上两侧有紫红色斑，中间分布4条紫红色条纹。有淡淡的香味，喜强光，易栽培。（图4-1A）

图4-1A　白血红色石斛*Dendrobium albosanguineum*

花形态解剖特征：花开展，质地薄，萼片和花瓣奶白色。萼片匙形，先端钝，全缘；花瓣比萼片大，卵圆形，先端圆钝。唇瓣奶白色，基部向上两侧有紫红色斑；先端波浪状，全缘（图4-1B：1、2）。蕊柱从最顶端的花药帽至蕊柱身为紫色；蕊柱足背面黄色，正面分布着紫色条纹；子房淡黄绿色（图4-1B：3、4）。药帽整体为紫色，与蕊柱相连的基部前后为黄色，圆锥形，可见内部有残留的花药壁（图4-1B：5、6）；药帽表面光滑，背部中部有凹痕，延伸至药帽尾部（图4-1B：7）。

地理分布：产于缅甸、泰国。

物候期：花期2—3月。

用途：观赏。

近似种：在花形上本种与蜻蜓石斛*D. pulchellum*较为相似，但后者的唇瓣有两枚深色斑块，花药帽和合蕊柱均为乳黄色等特征区别明显。

备注：本种拉丁学名"*albosanguineum*"为复合词，由"*albo*"和"*sanguineum*"组成，分别为"白色的"和"血红色的"意思，指其唇瓣为白色但喉部具红色斑块，故得名"白血红色石斛"。

图4-1B　白血红色石斛*Dendrobium albosanguineum*花形态解剖特征

1～2.花的正面（1）和侧面（2）；3～4.合蕊柱的正面（3）和背面（4）；5～7.药帽的正面（5）、侧面（6）和背面（7）。缩写：a=花药；aw=花药壁；c=合蕊柱；cf=蕊柱足；ds=中萼片；lip=唇瓣；ls=侧萼片；m=萼囊；o=子房；pe=花瓣；r=蕊喙；st=柱头腔。

2. 粉红灯笼石斛 *Dendrobium amabile*（Lour.）O' Brien

别名：越南红灯笼。

植株形态：大型附生草本，茎秆圆柱形，叶片宽卵形。总状花形硕大，长可达50cm以上，生于茎秆中上部。（图4-2A）

花形态解剖特征：花开展，质地薄，萼片和花瓣粉红色。萼片长卵形，先端钝，全缘稍弯曲。花瓣比萼片大，卵圆形，先端呈大幅度的波浪状。唇瓣半圆形，先端波浪状，全缘；唇盘金黄色，喉部具金色长绒毛（图4-2B：1、2）。蕊柱黄色；蕊柱齿两端紫色并呈条带沿合蕊柱下延至柱头腔下部（图4-2B：3、4）。药帽整体为白色，背部中部有凹痕，延伸至药帽尾部，但没有贯穿（图4-2B：5、6）。4枚黄色等大花粉团，长卵形，并列排在一起（图4-2B：7）。

地理分布：产于越南。

物候期：花期5—6月。

用途：观赏，为著名的石斛属园艺杂交亲本。

备注：本种拉丁学名的种加词"*amabile*"意为"可爱的"，指其花色娇艳、花形玲珑可爱的园艺观赏特性。从词意上可以取名为"可爱石斛"，但该种数朵粉色可爱的花组成了一个硕大的垂悬总状花序，形似灯笼，较为贴切，且寓意吉祥，故得名"粉红灯笼石斛"。

图4-2A 粉红灯笼石斛*Dendrobium amabile*

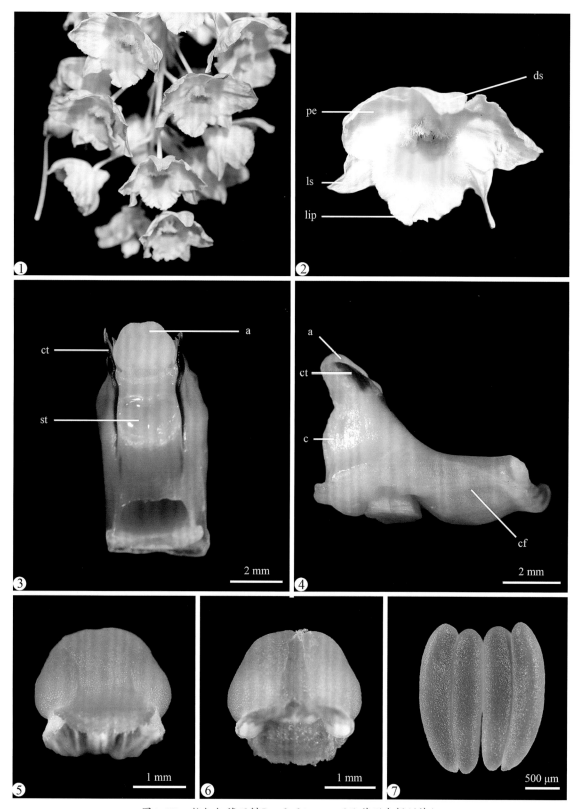

图4-2B　粉红灯笼石斛*Dendrobium amabile*花形态解剖特征

1~2.花序（1）和花的正面（2）；3~4.合蕊柱的正面（3）和侧面（4）；5~6.药帽的正面（5）和背面（6）；7.4枚黄色的花粉团。缩写：a=花药；c=合蕊柱；cf=蕊柱足；ct=蕊柱齿；ds=中萼片；lip=唇瓣；ls=侧萼片；pe=花瓣；st=柱头腔。

3. 檀香石斛 *Dendrobium anosmum* Lindl.

别名: 檀香石斛兰、卓花石斛兰。

植株形态: 附生草本,假鳞茎丛生,圆柱形有节,长达50cm或更长,直径1~2cm,叶披针形,花期无叶,为落叶种。檀香石斛兰在生长季节末由营养生长转向生殖生长,叶片脱落,在上年生长的茎上抽生花序,2~3朵一束,花为粉红色,直径约5cm,有檀香味,故名"檀香石斛"。(图4-3A)

图4-3A 檀香石斛*Dendrobium anosmum*

花形态解剖特征: 花开展,质地薄,萼片和花瓣淡粉色。中萼片卵形,先端钝,全缘;侧萼片稍斜卵状披针形,先端钝,全缘;萼囊近球形;花瓣卵圆形,先端圆钝,基部具爪;唇瓣粉色,半圆状三角形,先端具齿,被短绒毛;内部颜色较深且两侧具深色的斑块;基部具爪,上面密布短绒毛,背面疏被短绒毛(图4-3B:1、2)。蕊柱紫色,蕊柱足正面中央白色,两侧有紫色条纹(图4-3B:3、4)。药帽紫色,前后压扁的圆锥形(图4-3B:5、6)。花粉团4枚,黄色(图4-3B:7、8)。

地理分布: 产于越南、缅甸、老挝、泰国、马来西亚、菲律宾、斯里兰卡、婆罗洲、苏门答腊、爪哇岛、马鲁古、苏拉威西、新几内亚。

物候期: 花期4—5月。

用途: 观赏。本种在栽培条件下,会出现不同花色变异的个体,尤其是白色的较为瞩目,俗称"白花檀香石斛"。

近似种: 本种与麝香石斛*D. parishii*极为相似,但后者的唇瓣基部内拢呈管状。这两个种的物种界限值得关注。

备注: 本种拉丁学名的种加词"*anosmum*"意为"无香味的"。这与该种具有浓郁檀香味的特征似有不符之处,值得深究。

图4-3B　檀香石斛*Dendrobium anosmum*花形态解剖特征

1~2.花序（1）和花正面（2）；3~4.合蕊柱的正面（3）和背面（4）；5~6.药帽的正面（5）和背面（6）；7~8.4
枚花粉团的背面（7）和单花粉团（8）。缩写：a=花药；c=合蕊柱；cf=蕊柱足；ct=蕊柱齿；ds=中萼片；
lip=唇瓣；ls=侧萼片；pe=花瓣；st=柱头腔。

4. 本斯石斛 *Dendrobium bensoniae* Rchb. f.

植株形态：附生兰，茎粗壮，棒状或纺锤形，基部常收狭。叶革质，长圆状披针形，先端急尖，基部不下延为鞘。总状花序，自茎上部节点长出。（图4-4A）

图4-4A　本斯石斛*Dendrobium bensoniae*

花形态解剖特征：花白色，开展。萼片和花瓣为白色，萼片窄而尖，花瓣宽而圆。唇瓣的中心呈金色，基部两侧各具一个较大的紫色斑点（图4-4B：1）。蕊柱粗短；蕊柱足较长，长于蕊柱（图4-4B：2～4）；药帽白色，呈圆锥形，密被乳突，药帽前端较平，中部有凹痕，延伸至药帽尾部，药帽的内面留有曾包裹花粉团的花药壁（图4-4B：5、6）。花药具4枚花粉团，呈心形，黄色，单枚花粉团长条形（图4-4B：7、8）。

地理分布：分布于印度、泰国及缅甸。生于海拔450～1 550m的常绿阔叶林中树干上或山谷岩石上。

物候期：花期5—6月。

用途：观赏。

近似种：本种的花药帽具明显的晶状体长乳突，这与晶帽石斛*D. crystallinum*较为相似。花药帽外壁被颗粒状或长乳突状的晶状体特征还出现在棒节石斛*D. findlayanum*和王亮石斛*D. wangliangii*等物种。

备注：本种拉丁学名种加词"*bensoniae*"为姓氏名，以纪念该种植物的发现者（本斯太太）。根据音译，取中文名为"本斯石斛"。

图4-4B　本斯石斛*Dendrobium bensoniae*花形态解剖特征

1.花的正面；2～4.合蕊柱的正面（2）、侧面（3）和背面（4）；5～6.药帽的正面（5）和背面（6）；7～8.4枚花粉团的正面（7）和背面（8）。缩写：a=花药；c=合蕊柱；cf=蕊柱足；ct=蕊柱齿；lip=唇瓣；ls=侧萼片；pe=花瓣；r=蕊喙；st=柱头腔。

5. 酷姆石斛 *Dendrobium cumulatum* Lindl.

植株形态： 大型多年生草本。假鳞茎基部狭窄，扁平，具3～4片；叶茎秆圆柱形，总状花序生于落叶后的茎秆中上部，数朵花簇生在一起，有香味。（图4-5A）

图4-5A 酷姆石斛*Dendrobium cumulatum*

花形态解剖特征： 花色变异大，花开展，质地薄，萼片和花瓣淡粉色。中萼片卵形全缘；侧萼片先端尖，全缘；萼囊细长，末端尖；花瓣卵圆形，先端尖；唇瓣淡粉色，先端浅裂，具钝齿（图4-5B：1、2）。合蕊柱和蕊柱足淡紫色（图4-5B：3～5）。药帽淡紫色，半球形盔状（图4-5B：6）。花粉团黄色，4枚，近球形，单枚花粉团不规则形（图4-5B：7、8）。

地理分布： 印度、喜马拉雅东部、尼泊尔、不丹、缅甸、泰国、柬埔寨、老挝、越南和婆罗洲的热带山谷或海拔300～1 500m的低山地或沼泽泥炭森林中。

物候期： 花期夏季。

用途： 观赏、食用，花带有甜味。

备注： 本种拉丁学名的种加词"*cumulatum*"，意为"堆积的"，指数朵花簇生在一起。按音译取名为"酷姆石斛"。

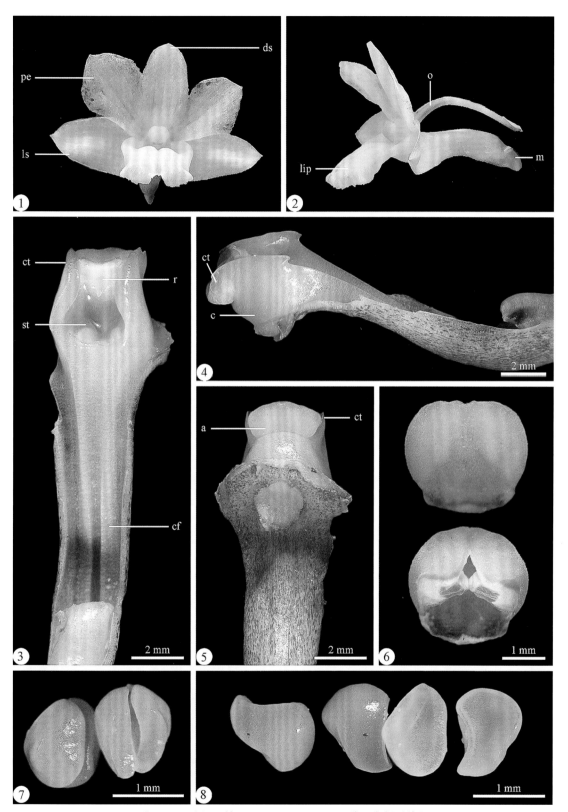

图4-5B　酷姆石斛*Dendrobium cumulatum*花形态解剖特征

1～2.花的正面（1）和侧面（2）；3～5.合蕊柱的正面（3）、侧面（4）和背面（5）；6.花药帽正面（上）和背面（下）；7～8.花粉团。a=花药；c=合蕊柱；cf=蕊柱足；ct=蕊柱齿；ds=中萼片；lip=唇瓣；ls=侧萼片；m=萼囊；o=子房；pe=花瓣；r=蕊喙；st=柱头腔。

6. 小豆苗石斛 *Dendrobium delacourii* Guillaumin

别名：棒槌石斛。

植株形态：附生草本。假鳞茎3～4cm长，基部具鞘，长圆形。茎粗壮，花序顶生，有8～10朵花。花苞片披针形，锐尖，1脉，被毛。子房和花梗淡黄绿色，萼片和花瓣黄绿色。（图4-6A）

图4-6A　小豆苗石斛*Dendrobium delacourii*

花形态解剖特征：花开展，黄绿色。萼囊近圆锥形；中萼片披针形，先端钝；侧萼片披针形具细尖。花瓣狭长圆形，先端波状，具侧脉分枝，边缘外弯，但顶端宽阔，貌似槌状；唇瓣倒卵形，3浅裂，侧裂片长圆形至圆形，先端钝，具紧密的紫色条纹；中裂片先端边缘具流苏（图4-6B：1、2）。合蕊柱黄绿色（图4-6B：3～5），具紫色斑点，蕊柱足正面具微小的齿。药帽黄绿色（图4-6B：8、9），近长圆形。花粉团黄色、4枚，棒状（图4-6B：6、7）。

地理分布：产于中南半岛，包括印度北部、柬埔寨、老挝、缅甸、泰国、越南。附生于林缘树干及石头上。

物候期：花期4—5月。

备注：本种的拉丁学名种加词"*delacourii*"意为"娇弱的"，指株形和花朵较小，玲珑可爱，故取名"小豆苗石斛"。

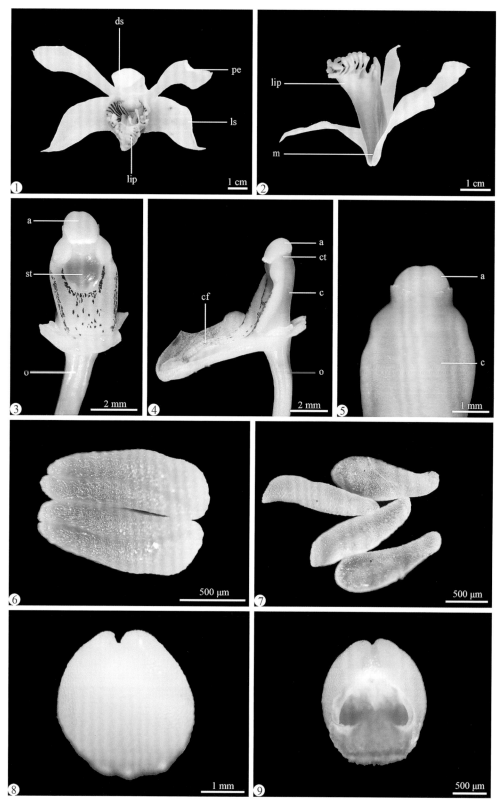

图4-6B 小豆苗石斛*Dendrobium delacourii*花形态解剖特征

1～2.花正面（1）和底面（2）；3～5.合蕊柱的正面（3）、侧面（4）和背面（5）；6～7.花粉团；8～9.花药帽正面（8）和底面（9）。缩写：a=花药；c=合蕊柱；cf=蕊柱足；ct=蕊柱齿；ds=中萼片；lip=唇瓣；ls=侧萼；m=萼囊；o=子房；pe=花瓣；st=柱头腔。

7. 龙石斛 *Dendrobium draconis* Rchb. f.

植株形态： 附生植物。假鳞茎圆柱状，具节茎干表面有明显的纵条隆起的棱或沟；茎鞘覆盖黑色毛发。叶片革质，长圆形或椭圆形，开花时脱落。总状花序腋生，下垂，很短，具2~5朵小花；花黄白色，芳香。子房和花梗黄白色。（图4-7A）

图4-7A　龙石斛*Dendrobium draconis*

　　花形态解剖特征： 花开展，萼片和花瓣皆白色。中萼片和侧萼片披针形，先端锐尖，后者基部贴生在蕊柱足上（图4-7A、图4-7B：1、2）。萼囊狭长，长约1cm，形成距，距内壁红色（图4-7B：6）。花瓣长椭圆形，先端锐尖；唇瓣先端白色，基部橙红色；三裂，侧裂片短宽，全缘；中裂片长条形，不平整，边缘不规则卷曲，脉络清晰（图4-7B：1、2）。合蕊柱和蕊柱足几乎呈一直线；合蕊柱较短，黄绿色；蕊柱足扁平，腹面红色；柱头腔圆形，深凹；蕊喙白色肉质；蕊柱齿钝三角形，长不超过花药帽（图4-7B：3~5）。花药帽浅红色，半球形盔状，表面具细乳突，顶部截平，背部有浅沟槽，（图4-7B：7~9）。花粉团黄色，4枚，长心形（图4-7B：10）。

　　地理分布： 产于缅甸、泰国、老挝、越南、柬埔寨和印度。常生于海拔500~1 000m的常绿林中树干上。

　　物候期： 花期3—5月。

　　备注： 本种拉丁学名的种加词"*draconis*"意为"龙的"，指其反卷的唇瓣像飞龙，故取名为"龙石斛"。

图4-7B　龙石斛Dendrobium draconis花形态解剖特征

1~2.花的正面（1）和侧面（2）；3~5.合蕊柱的正面（3）、侧面（4）和背面（5）；6.距；7~9.花药帽的正面
（7）、侧面（8）和内面（9）；10.2枚花粉团。缩写：a=花药；c=合蕊柱；cf=蕊柱足；ct=蕊柱齿；ds=中萼片；
lip=唇瓣；ls=侧萼片；o=子房；pe=花瓣；r=蕊喙；sp=距；st=柱头腔。

8.红鸽子石斛 *Dendrobium faciferum* J. J. Sm.

植株形态：附生草本，茎秆直立，细圆柱形，茎节明显，叶互生，2列，长披针形，先端不裂，基部具抱茎的鞘。1～3朵花簇生于落叶的茎秆中上部，较密集。（图4-8A）

图4-8A　红鸽子石斛*Dendrobium faciferum*植株形态

花形态解剖特征：花橘红色，鲜艳醒目，为少见的红花石斛系列。子房上部绿色，下部为橘红色（图4-8A）。背萼片为短三角形，先端锐尖；两枚侧萼片上部为短三角形，先端锐尖，中下部延伸至基部愈合为一侧开裂的短角状萼囊。两枚侧花瓣与花萼形态近似，先端锐尖，呈短三角形。唇瓣与合蕊柱和蕊柱足贴合构成锥形管状；唇瓣不裂，先端圆形，内拢为喇叭口，边缘不平整，有不规则起伏（图4-8B：1、2）。合蕊柱浅黄色，短圆柱形（图4-8B：4）；蕊柱足橘红色，长扁平状，蕊喙白色，肉质较厚实，柱头腔浅，不明显（图4-8B：3）。花药帽橘黄色，浅盔状，正面边缘有细齿状绒毛（图4-8B：4）。花粉团短棒状，橘黄色，蜡质光滑（图4-8B：5）。

地理分布：产于印度尼西亚的苏拉维西岛到马鲁古群岛，生长在树干上。

用途：观赏。

备注：本种较为独特，植株为细草本型，形似竹枝石斛*D. salaccense*，但后者的花色黄绿，且唇瓣舌状、全缘。

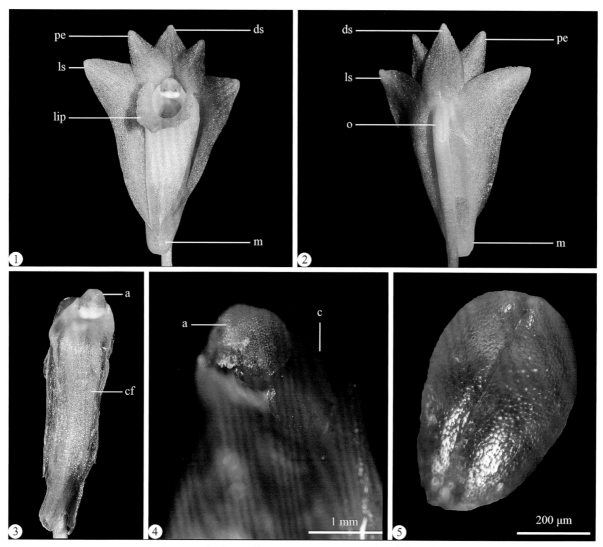

图4-8B 红鸽子石斛*Dendrobium faciferum*花形态解剖特征

1～2.单朵花的正面（1）和背面（2）；3.合蕊柱的正面，示扁长的蕊柱足；4.合蕊柱顶部极面观放大，示花药帽半盏状球形，近光滑；5.蜡质花粉团，橘黄色。缩写：a＝花药；cf＝蕊柱足；ds＝背萼片；lip＝唇瓣；ls＝侧萼片；m＝萼囊；o＝子房；pe＝花瓣。

9.四角石斛 *Dendrobium farmeri* Paxton

别名：红灯笼石斛、发米石斛。

植株形态：附生草本，假鳞茎长30～45cm，纺锤形，挺立，粗壮，基部膨大，下部常收狭为粗圆四角形，不分枝，有时棱非常明显，黑淡褐色。有叶2～4枚，生于假鳞茎顶端，叶长8～15cm，椭圆形，革质，常绿，端部尖锐。花序从有叶或无叶的假鳞茎顶部生出，长20～30cm，花序下垂，着花或疏或密，有花14～35朵，花径5cm，芳香。（图4-9A、图4-9B）

花形态特征：萼片和花瓣粉色、淡紫色到紫红色、黄色或白色。唇瓣圆形，蛋黄色至橘黄色，边缘白色。

地理分布：广泛分布于印度、尼泊尔、不丹、缅甸、泰国、老挝、马来西亚。生于海拔300～1 000m处。

物候期：花期2—4月。

用途：观赏。

备注：本种拉丁学名的种加词"*farmeri*"似乎为"英文拉丁化"。现中文名里，有人根据其茎秆四棱方形，取名为"四角石斛"或"方棱石斛"，或取音译为"发米石斛"。

图4-9A　四角石斛*Dendrobium farmeri*

图4-9B　四角石斛 *Dendrobium farmeri*

10. 漏斗石斛 *Dendrobium infundibulum* Lindl.

植株形态：茎质地坚硬，圆柱形，上下等粗，不分枝，具多个节，有纵条棱。叶数枚至10余枚，2列互生于中部以上的茎上，革质，长圆形，先端钝并且稍不等侧2裂，基部下延为抱茎的鞘，幼时在下面被黑色硬毛，叶鞘亦密被黑色硬毛。总状花序出自具叶的茎顶端，具1~2朵花；花序柄短，基部被3~4枚宽卵形的鞘；花苞卵状三角形，先端锐尖，下面密被黑色硬毛；花梗和子房等长。（图4-10A）

图4-10A　漏斗石斛*Dendrobium infundibulum*的植株形态

花形态解剖特征：花除唇盘基部橘红色外，均为白色，开展。中萼片长圆形，先端急尖；侧萼片斜披针形，上侧边缘与中萼片等长，下侧先端急尖，萼囊呈角状；花瓣倒卵形，先端圆钝并且具短尖；唇瓣3裂，侧裂片倒卵形，围抱蕊柱，前端边缘稍波状，中裂片近圆形，比两侧裂片先端之间的宽小得多，先端具短尖，边缘具不整齐的锯齿（图4-10B：1、2）。合蕊柱和蕊柱足白色，两侧蕊柱齿发达，呈宽三角形，几与花药帽等高，背蕊柱齿较窄，呈狭长三角形，紧贴于花药帽背面；柱头腔近长方形，蕊喙明显（图4-10B：3~5）。花药帽白色，呈长半球形盔帽状，上下两端近截平，上端有浅缺刻，下部具白色短绒毛，外壁光滑（图4-10B：6~8）。花粉团4枚，蜡质金黄色，长棒状，轮廓近长圆形。（图4-10B：9、10）。

地理分布：产于中南半岛。生于海拔约2 000m的密林中树干上。

物候期：花期1—4月。

用途：观赏。

近似种：本种近似于高山石斛*D. wattii*，区别在于后者的唇瓣中裂片圆形，带浅裂齿，花药帽前端收狭呈锐三角，蕊柱齿钝。本种在栽培条件下，花形变异多样，值得关注。

备注：本种拉丁学名的种加词"*infundibulum*"意为"漏斗状的"，指其唇瓣形如漏斗，故取名为"漏斗石斛"。

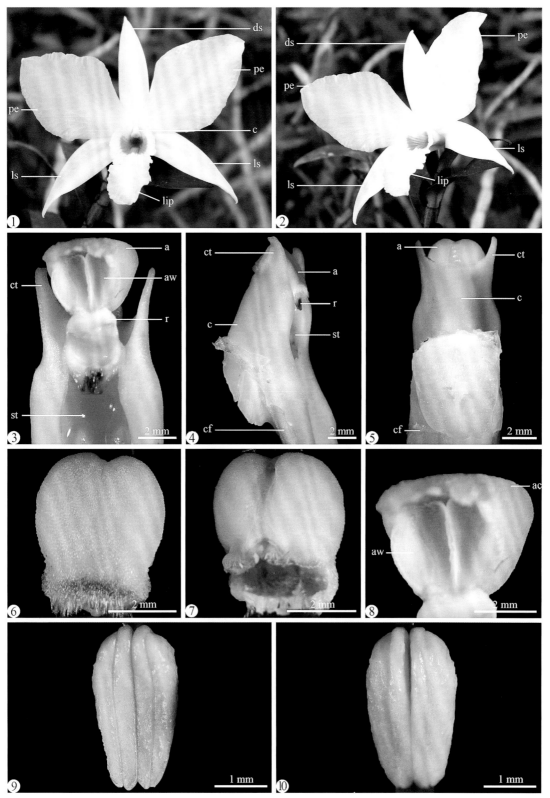

图4-10B 漏斗石斛*Dendrobium infundibulum*花形态解剖特征

1~2.花的正面（1）和侧面（2）；3~5.合蕊柱的正面（3）、背面（4）和侧面（5）；6~8.花药帽的正面（6）、背面（7）和内部（8）；9~10.4枚花粉团的正面（9）和背面（10）。缩写：a＝花药；ac＝药帽；aw＝花药壁；c＝合蕊柱；cf＝蕊柱足；ct＝蕊柱齿；ds＝中萼片；lip＝唇瓣；ls＝侧萼片；pe＝花瓣；r＝蕊喙；st＝柱头腔。

11. 澳洲石斛 *Dendrobium kingianum* Bidwill ex Lindl.

植株形态：植株高10～30cm，直径1～2.5mm，直立或披散状，常在顶部具3～6枚叶；叶较薄，革质，绿色，光滑，沿中脉折叠，长卵形，长3～10cm，宽1～2cm。总状花序长7～15cm，具2～15朵花；花较小，玫红色，有香味。（图4–11A）

图4–11A　澳洲石斛*Dendrobium kingianum*

花形态解剖特征：花萼及花瓣粉色，有时为白色、深紫色或一系列中间色（图4–11B：1、2）。中萼片长9～16mm，宽7mm；萼囊长约5mm（图4–11B：2）；唇瓣基部被紫色或黄色。合蕊柱白色，具蕊柱齿（图4–11B：3、4）；蕊柱足黄绿色，常具有深紫色斑点（图4–11B：3）。花药帽白色，半球形，前端边缘密生乳突状毛（图4–11B：5）。花药具4枚长条状花粉团，黄色（图4–11B：6～8）。

地理分布：澳大利亚东部特有。常生于岩石上。

物候期：花期冬末至来年春季。

用途：观赏。本种具有浓郁香味。

备注：该种拉丁学名种加词"*kingianum*"意为姓氏名"King"，似为纪念某位早年的采集家或倾慕者。现根据该种特产澳洲，取名为"澳洲石斛"。

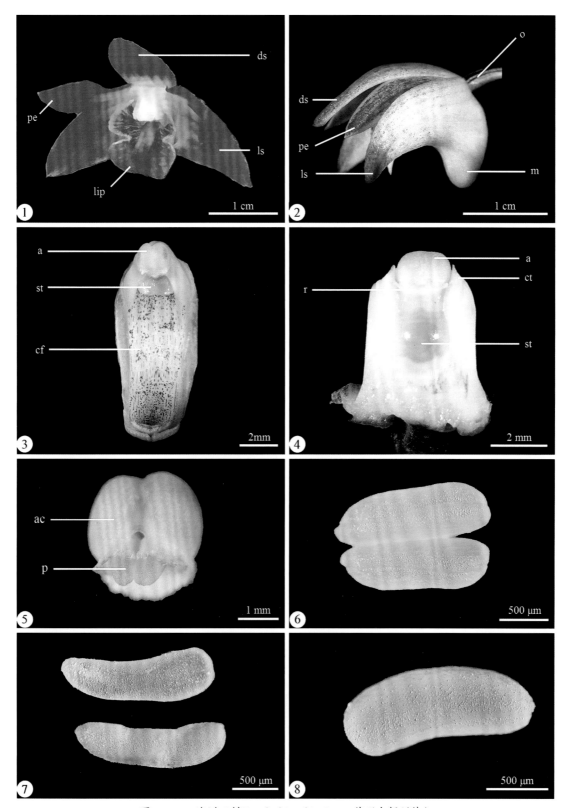

图4-11B　澳洲石斛*Dendrobium kingianum*花形态解剖特征

1~2.花的正面（1）和侧面（2）；3~4.合蕊柱的正面（3）及放大图（4），示柱头腔；5.带花粉团的花药帽；6~8.花粉团。缩写：a=花药；ac=花药帽；ct=蕊柱齿；cf=蕊柱足；ds=中萼片；lip=唇瓣；ls=侧萼片；m=萼囊；o=子房；p=花粉团；pe=花瓣；r=蕊喙；st=柱头腔。

12. 尖唇石斛 *Dendrobium linguella* Rchb. f.

植株形态：附生或岩生的草本植物。根部蚯蚓状。茎圆柱形，下垂，先花后叶。叶互生，披针形，锐尖。腋生的花序从节上出现，朝向茎的上半部分，生2~4朵花，下垂。（图4-12A）

花形态解剖特征：花淡紫色，开展。中萼片卵形，锐尖；侧生萼片斜向三角形，锐尖；花瓣倒卵形，锐尖（图4-12B：1、2）；唇瓣舟状，渐尖至细尖，内壁有短柔毛，基部具较厚胼胝体（图4-12B：3）。花药帽深紫色（图4-1 2B：4、5）。花粉团4枚，黄色棒状（图4-12B：6、7）。

地理分布：产于婆罗洲、老挝、马来西亚、苏门答腊、泰国、越南。

近似种：本种与钩状石斛*D. aduncum*较为相似，但后者的花药帽亮紫色，密被短刺状毛；蕊柱足较宽，凹陷平坦，密布黄色绒毛。本种还与重唇石斛*D. hercoglossum*相似，但后者的蕊柱足短宽，且光滑无毛。

备注：本种拉丁学名的种加词"*linguella*"意为"舌状的、小舌的"，指其唇瓣先端较细长，特化为舌尖状，故得名"尖唇石斛"。

图4-12A　尖唇石斛*Dendrobium linguella*

图4-12B　尖唇石斛*Dendrobium linguella*的花形态解剖特征

1~2.花序（1）和花正面（2）；3.唇瓣对剖侧面；4~5.药帽的正面（4）和背面（5）；6~7.4枚花粉团的正面（6）和背面（7）。缩写：ac＝花药帽；aw＝花药壁；ds＝中萼片；lip＝唇瓣；ls＝侧萼片；pe＝花瓣。

13. 林生石斛 *Dendrobium nemorale* L. O. Williams

别名：荫生石斛。

植株形态：多年生大型附生草本，可长达3m。茎秆多节，加厚，节间长度随着生长由下往上缩短，叶片脱落后叶鞘宿存。叶长披针形，薄纸质，上表皮光滑无毛，下表皮或多或少被黑色短柔毛。花序短，仅有1～2朵花，花小，径约1.5cm，花白色或象牙白色。（图4-13A）

图4-13A　林生石斛*Dendrobium nemorale*

花形态解剖特征：花黄白色，具明显平行且分叉的维管束，呈网格状；子房橙色，具明显的棱（图4-13A）。萼片和花瓣相似，均向后反折，唇瓣3裂，中裂片顶端浅裂，唇盘具3条明显的肉质白色脊状突起，侧裂片阔，直立略内拢（图4-13B：1～4）。合蕊柱短，黄色，蕊柱齿发达，柱头腔大，蕊喙不明显；蕊柱足比合蕊柱长，黄色具棕褐色斑点（图4-13B：5～7）。花药帽圆形盔状，具发达的乳突，顶部深紫色，基部和背部黄褐色，基部边缘具绒毛（图4-13B：8、9）。花粉团4枚，蜡质金黄色，轮廓为长心形（图4-13B：10）。

地理分布：分布于菲律宾吕宋岛、蒙塔尔邦。

物候期：花期2—3月。

备注：本种拉丁学名的种加词"*nemorale*"，意为"丛林生的、喜丛林的"，指其生境多为潮湿的林下，故取名为"林生石斛"或"荫生石斛"。

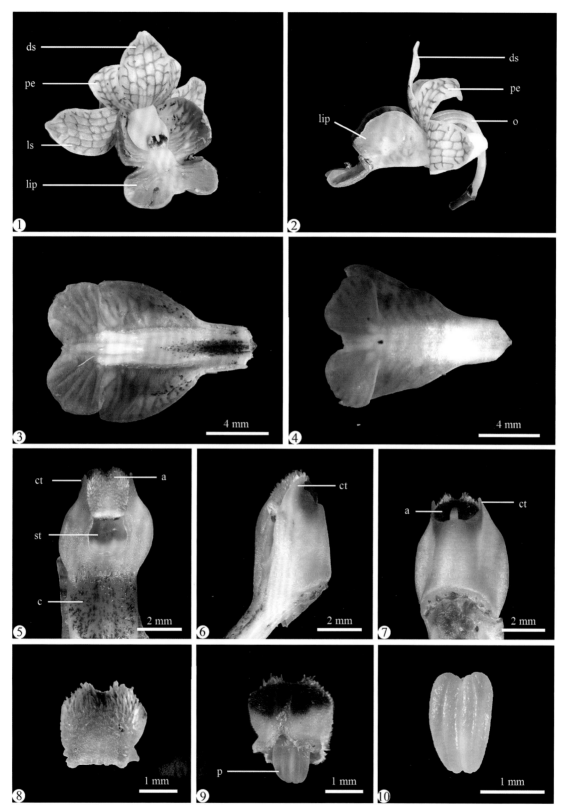

图4-13B　林生石斛*Dendrobium nemorale*花形态解剖特征

1~2.花的正面（1）和侧面（2）；3~4.唇瓣的正面（3）、背面（4）；5~7.合蕊柱的正面（5）、侧面（6）和背面（7）；8~9.花药帽正面（9）和背面（8）；10.4枚蜡质黄色花粉团。缩写：a=花药；c=合蕊柱；ct=蕊柱齿；ds=中萼片；lip=唇瓣；ls=侧萼；o=子房；p=花粉团；pe=花瓣；st=柱头腔。

14. 血喉石斛 *Dendrobium ochraceum* De Wild.

别名：赭石色石斛。

植株形态：附生草本，茎粗壮，通常棒状，下部常收狭为细圆柱形，不分枝，具数个节；叶互生，革质，长圆状披针形，基部不下延为抱茎的鞘；总状花序，下垂，密生6~8朵花，花梗和子房黄绿色。（图4-14A）

图4-14A　血喉石斛*Dendrobium ochraceum*

花形态解剖特征：花开展，质地薄，花萼和花瓣橙色，边缘均波浪状起伏，并先后反折（图4-14A）。中萼片和侧萼片较相似，均为长披针形，先端反折；萼囊较长，呈长角状，橙色；花瓣近圆形，先端褶皱，先后反折；唇瓣长方形，黄色具橙红色，沿主脉中央具数条橙红色纵条纹，两侧各具平行分叉的细条纹，构成网状脉络；唇瓣3裂，中裂片先端反折更明显（图4-14B：1、2）。合蕊柱和蕊柱足浅黄色，蕊柱足基部正橙红色浅晕（图4-14B：3~5）。花药帽淡黄色，上下端近截平，呈方形盔帽状，背面平整具颗粒状乳突（图4-14B：6、7）。花粉团蜡质金黄色，4枚呈长心形轮廓（图4-14B：8）。

地理分布：产于越南北部。生长在潮湿的热带雨林。

物候期：4—5月。

用途：观赏。

备注：该种拉丁学名的种加词"*ochraceum*"意为"赭黄色的"，指其唇瓣黄底具赭红色横条纹特征。

图4-14B　血喉石斛 *Dendrobium ochraceum* 花形态解剖特征

1~2.花序（1）和花正面（2）；3~5.合蕊柱的正面（3）、侧面（4）和背面（5）；6~7.药帽的正面（6）和背面（7）；8.4枚花粉团的正面。缩写：a＝花药；c＝合蕊柱；cf＝蕊柱足；ct＝蕊柱齿；ds＝中萼片；lip＝唇瓣；ls＝侧萼片；o＝子房；pe＝花瓣；st＝柱头腔。

15. 黑喉石斛 *Dendrobium ochreatum* Lindl.

植株形态：大型附生植物，茎圆柱形，肉质，下垂或弯垂，不分枝，具多节。叶纸质，2列互生于整个茎上，长圆状披针形，先端锐尖，基部具鞘；叶鞘纸质，干后常浅白色。花1~2朵生于茎上部，与叶片对生。花瓣蜡质金黄，唇瓣上具一枚大的边缘为辐射状的黑色斑块，花梗和子房绿色。（图4-15A）

图4-15A　黑喉石斛*Dendrobium ochreatum*

花形态解剖特征：花开展，金黄色；中萼片和侧萼片长卵圆形，基部歪斜，先端钝；萼囊突起明显，呈短圆柱形；花瓣倒卵圆形；唇瓣近圆形，基部收狭围拢，边缘具浅睫毛状细齿，唇盘上斑块边缘不整齐具辐射状细纹（图4-15B：1、2）。合蕊柱和蕊柱足为黄色，两者呈钝角（图4-15B：1、2）。花药帽长盔状，黄白色，上部表面不光滑，具瘤状突起，正面具两条中部收狭的沟槽，背面沟槽从上到下渐宽（图4-15B：5~7）。花粉团金黄色蜡质，表面光滑，4枚花粉团的轮廓呈近心形（图4-15B：8）。

地理分布：分布于尼泊尔东部到中南半岛。生于海拔1 200~1 600m的热带雨林中。

物候期：花期3—5月。

近似种：本种与束花石斛*D. chrysanthum*较相似，但后者唇盘具一对黑色斑块，且合蕊柱和蕊柱足金黄色，花药帽半盔帽形，金黄色，顶部中央明显突起，呈锥形，表面光滑无瘤状突起。

备注：本种拉丁学名的种加词"*ochreatum*"意为"具托叶鞘的"，指其叶柄基部明显具叶鞘的特征。但大部分石斛物种都具有明显叶鞘，故现有资料根据其唇瓣喉部有黑斑，取名为"黑喉石斛"。

图4-15B 黑喉石斛*Dendrobium ochreatum*花形态解剖特征

1~2.花的正面（1）和侧面（2）；3~4.合蕊柱的正面（3）、侧面（4）；5~7.药帽的正面（5）、背面（6）和内部（7）；8.4枚蜡质的黄色花粉团。缩写：a＝花药；ac＝花药帽；aw＝花药壁；c＝合蕊柱；cf＝蕊柱足；ct＝蕊柱齿；ds＝中萼片；lip＝唇瓣；ls＝侧萼片；m＝萼囊；o＝子房；pe＝花瓣；st＝柱头腔。

16. 少花黄绿石斛 *Dendrobium parcum* Rchb. f.

别名：舌石斛、黄绿小石斛。

植株形态：附生草本。假鳞茎直立，纺锤形；茎长50cm以上，常分枝，通常较细，紫色，老时有沟。叶鞘灰色，4～6片叶着生于茎顶端，线形或披针形。花序轴短，花序生于落叶的茎上部，近直立或弯垂，具2～5朵小花；花小，黄绿色。（图4-16A）

图4-16A　少花黄绿石斛*Dendrobium parcum*（摄影：罗艳）

花形态解剖特征：花朵简化，花萼和花瓣不发达，较小，唯唇瓣发达呈调羹状或长舌状（图4-16B：1）。中萼片卵圆形，先端钝尖；侧萼片斜三角状卵形，基部歪斜，先端钝尖；萼囊宽椭圆形；花瓣披针形，先端钝尖；唇瓣上部黄色，基部黄绿色，长舌状，在顶端略微回吐，无侧裂片，基部肉质，具2条脊，基部具两条深紫色斑纹（图4-16B：1、2）。蕊柱较短；蕊柱齿三角形（图4-16B：3、4）。花药帽呈狭锥形盔帽状；外壁密被细乳突，前端边缘微缺刻，药帽的内面留有曾包裹花粉团的白色花药壁（图4-16B：5、6）。花药具4枚花粉团，蜡质金黄色（图4-16B：7、8）。

地理分布：产于孟加拉国、缅甸、泰国和越南。生于海拔750～1 450m的林中树干上。

物候期：花期9月—次年3月。

备注：本种花形独特，结构简化，花朵较小，呈黄绿色。其花萼和花瓣都短小，但唇瓣发达且较长，呈长条状的调羹形或舌状。该种发表时，曾被描述为长相很难看的花朵（very poor-looking）。有人根据唇瓣形似舌头，取名为"舌石斛"。考虑到其加词"*parcum*"意为"疏花或少花的"，本书取"少花黄绿石斛"为中文名。

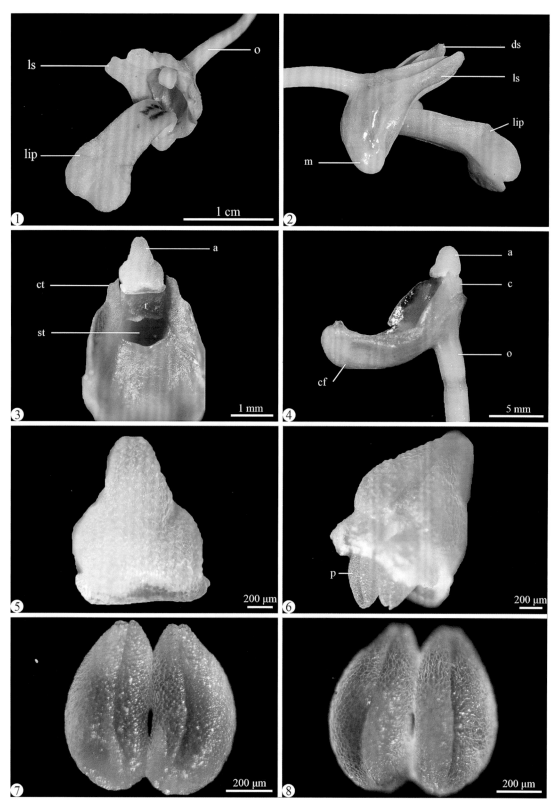

图4-16B　少花黄绿石斛*Dendrobium parcum*花形态解剖特征（摄影：罗艳）

1～2.花的正面（1）和侧面（2）；3～4.合蕊柱的正面（3）、侧面（4）；5～6.药帽的正面（5）和背面（6）；7～8.花粉团的正面（7）、背面（8）。缩写：a=花药；c=合蕊柱；cf=蕊柱足；ct=蕊柱齿；ds=中萼片；lip=唇瓣；ls=侧萼片；m=萼囊；o=子房；p=花粉团；st=柱头腔。

17. 蜻蜓石斛 *Dendrobium pulchellum* Roxb. ex Lindl.

植株形态：附生或岩生；假鳞茎圆柱形，向先端变薄，长达2m，直径约1cm。叶互生，2列，长圆状披针形；叶基有叶鞘。总状花序从新老假鳞茎的上节垂下，长约30cm，携带6~12朵直径6~10cm的花。因唇瓣上有两块深色的斑点，似蜻蜓眼睛而得名，花具香味。（图4-17A）

花形态解剖特征：花开展，淡黄色、奶油色至淡黄色、粉红色、淡奶油色。萼片卵形，先端尖，有粉红色脉络；侧边萼片在合蕊柱的基部合并，形成萼囊；花瓣椭圆形，先端钝，颜色与萼片相同；唇瓣倒卵形至圆形，凹陷，两侧有两个红褐色至深紫色的斑点，在先端有长柔毛和纤毛（图4-17B：1、2）。蕊柱淡黄色，蕊柱齿发达，宽三角形，浅黄色；蕊柱足黄色，较短。花药帽浅黄色，光滑，近圆形盔状（图4-17B：3~5）。花粉团4枚，蜡质金黄色（图4-17B：6、7）。

地理分布：分布于尼泊尔到马来西亚半岛。生长在热带雨林中。

图4-17A　蜻蜓石斛*Dendrobium pulchellum*

物候期：花期3—5月。

用途：观赏。为优良的园艺品种亲本。

近似种：本种与白血红色石斛*D. albosanguineum*较为相似，但后者的唇瓣上的斑块不密集为一对圆形斑块、花药帽紫黑色、合蕊柱为绿色具紫色条纹等特征与本种区别明显。

备注：本种拉丁学名的种加词"*pulchellum*"意为"美丽的"，指其花形独特漂亮。根据其唇盘醒目的一对黑斑，酷似蜻蜓的复眼，故得名"蜻蜓石斛"。

图4-17B　蜻蜓石斛*Dendrobium pulchellum*花形态解剖特征

1～2.花的正面（1）和侧面（2）；3～5.合蕊柱的极面（3）、侧面（4）和正面（5）；6～7.花粉团的正面（6）、背面（7）。缩写：a＝花药；aw＝花药壁；c＝合蕊柱；cf＝蕊柱足；ct＝蕊柱齿；ds＝中萼片；lip＝唇瓣；ls＝侧萼片；m＝萼囊；o＝子房；pe＝花瓣；st＝柱头腔。

18. 玫香石斛 *Dendrobium roseiodorum* Sathap., T. Yukawa & Seelanan

植株形态：植株直立，高30～40cm。根伸长，长1.8～2.1mm，分枝，白色到灰色。假鳞茎簇生，狭纺锤形，长30～37cm，直径1.1～1.4cm。叶稍下弯，皮质，披针形，先端不均匀2裂，深绿色。总状花序顶生或腋生在假鳞茎的顶端部分。花梗不明显，3～4mm长，完全被苞片包围。苞片卵形三角形或披针形三角形。花白色带金黄色唇瓣，芳香。（图4-18A）

图4-18A　玫香石斛*Dendrobium roseiodorum*

花形态解剖特征：萼片和花瓣白色；中萼片卵状披针形；侧萼片呈扭曲状和下弯；花瓣稍扭曲并下弯，长椭圆形；唇瓣3裂，金黄色，顶端部分白色，中裂片厚，宽倒卵形，前端凹陷；侧裂片和唇盘具多条橙色脉（图4-18B：1、2）。合蕊柱金黄色到橙色；具发达的蕊柱齿；蕊柱足红色（图4-18B：3、4）。花药帽亮黄色，表面具密布的乳突，内部具未完全退化的花药壁残留（图4-18B：5、6）。4枚蜡质花粉团，两两一对并列排布（图4-18B：7、8）。

地理分布：分布于越南。生长在海拔1 000～1 200m的巨石或树枝上。

物候期：花期9—11月、7—12月（栽培）。

用途：观赏。

备注：本种拉丁学名的种加词"roseiodorum"意为"具有玫瑰味的"，指其花香味似玫瑰，故取名为"玫香石斛"。

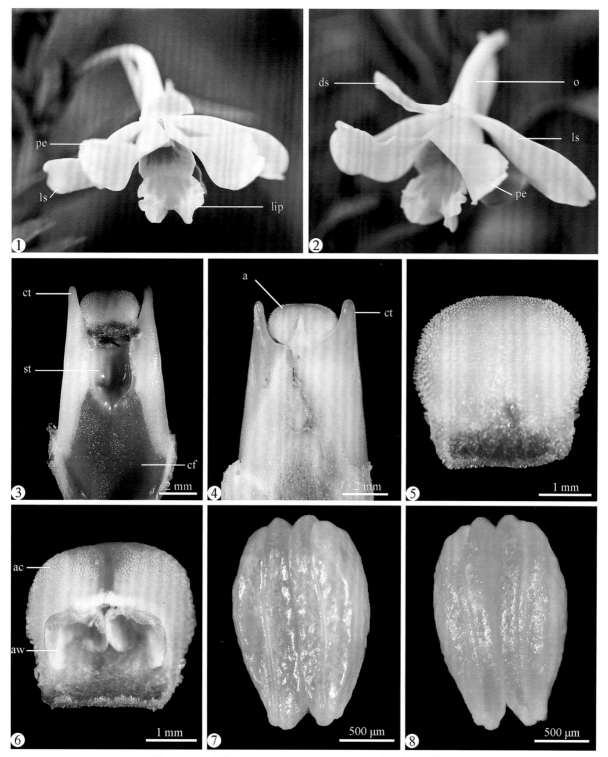

图4-18B 玫香石斛*Dendrobium roseiodorum*花形态解剖特征

1～2.花的正面；3～4.合蕊柱的正面（3）和背面（4）；5～6.花药帽的正面（5）和背面（6）；7～8.4枚花粉团的正面（7）和背面（8）。缩写：a＝花药；ac＝花药帽；aw＝花药壁；ct＝蕊柱齿；cf＝蕊柱足；ds＝中萼片；lip＝唇瓣；ls＝侧萼片；o＝子房；pe＝花瓣；st＝柱头腔。

19. 桑德石斛 *Dendrobium sanderae* Rolfe

植株形态：植株中等，假鳞茎直立丛生，圆柱状，叶互生呈长椭圆形，肉质，叶子和茎常被黑色细毛，新芽通常包覆黑褐色短细毛。花梗自上一年度成熟带叶茎的上部抽出，花序常带有2～4朵花，花直径可达10cm。（图4-19A）

图4-19A　桑德石斛*Dendrobium sanderae*

花形态解剖特征：花开展，白色，唇瓣基部紫褐色，花瓣和唇瓣边缘不平整，具不规则缺刻（图4-19B：1）。萼片披针形，萼囊狭圆锥形，先端尖；花瓣椭圆形，白色，宽大，边缘呈波浪状；唇瓣3裂，侧裂片围拢合蕊柱，中裂片近圆形先端2裂，有齿，基部具有紫红色斑块（图4-19B：1、2）。合蕊柱和蕊柱足以及蕊柱齿皆紫色，蕊柱齿厚实肉质，短圆柱形（图4-19B：3～5）。花粉团4枚，棒状，蜡质金黄色（图4-19B：6）。花药帽紫色，长圆形盔状，表面光滑，基部具短绒毛，顶部2浅裂，背面具明显深沟槽（图4-19B：7～8）。

地理分布：分布于菲律宾群岛。生于海拔1 000～1 650m处。

物候期：花期夏季。

用途：观赏，具有较高园艺价值，常用作品种选育。

备注：本种拉丁学名的种加词"*sanderae*"意为人名（Sander），是为了纪念植物采集家弗雷德里克·桑德（Frederick Sander），音译为"桑德石斛"。

图4-19B 桑德石斛Dendrobium sanderae花形态解剖特征

1~2.花的正面（1）和侧面（2）；3~5.合蕊柱的正面（3、5）和侧面（4）；6.4枚单独的花粉团；7~8.花药帽的正面（7）和背面（8）。缩写：a＝花药；ct＝蕊柱齿；cf＝蕊柱足；ds＝中萼片；lip＝唇瓣；m＝萼囊；o＝子房；st＝柱头腔。

20. 红牙刷石斛 *Dendrobium secundum*（Blume）Lindl. ex Wall.

植株形态：多年生草本植物，茎粗壮，通常棒状直立，长15~25cm，粗达2cm，下部常收狭为细圆柱形，不分枝，有时棱不明显，黑淡褐色。叶长3~4cm，先端急尖，基部不下延为抱茎的鞘。（图4-20A）

花形态解剖特征：花小，开展（图4-20B：1）。花序水平伸展，着生数朵花，花皆向着一个方向生长；花和子房都是粉红色，整个花序形似牙刷（图4-20A）。萼囊较长，与蕊柱呈钝角（图4-20B：2）。花瓣和萼片大小相似，均为长卵形，尖端全缘，钝，向上生长不弯曲；唇瓣橙色，整体形似舌状（图4-20B：1、3）。合蕊柱粉色，细长月形（图4-20B：4）。

地理分布：分布于老挝、越南、缅甸等地。生于海拔800~1100m的常绿阔叶林中树干上或山谷岩石上。

物候期：花期4—6月。

用途：观赏。本种的总状花序偏向一侧，形似牙刷，

图4-20A　红牙刷石斛*Dendrobium secundum*

在石斛属里较为独特，具有较高园艺价值。该种在野生环境下，还会出现自然变异的白花个体，较为珍稀。

备注：本种植物拉丁学名的种加词"*secundum*"意为"偏向一侧的"，指其总状花序上着生的花朵集中在一侧，故得名"牙刷石斛"。

其他：本种在栽培条件下，开花期间有蚂蚁前来访花（图4-20B：1），值得研究。

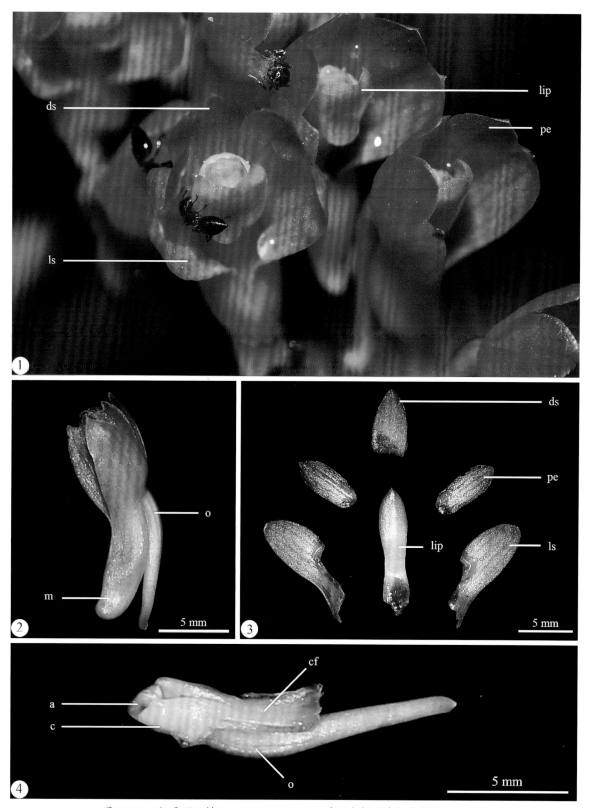

图4-20B　红牙刷石斛*Dendrobium secundum*花形态解剖特征（摄影：罗艳）

1.花序的一部分，示花朵的正面和侧面；2.花的侧面，示萼囊和子房；3.外轮萼片和内轮花瓣，示唇瓣特化；4.合蕊柱，示合蕊柱较短，蕊柱足较长。缩写：a＝花药；c＝合蕊柱；cf＝蕊柱足；ds＝中萼片；lip＝唇瓣；ls＝侧萼片；m＝萼囊；o＝子房；pe＝花瓣。

21. 绒毛石斛 *Dendrobium senile* C. S. P. Parish & Rchb. f.

别名：白毛石斛、绒叶石斛。

植株形态：附生草本，10～15cm长；假鳞茎圆柱形，被白色长绒毛。叶长圆状椭圆形，5～6cm长，1～1.5cm宽，基部不下延为抱茎的鞘，有开花时叶片脱落的现象。花序腋生，具1～4朵花，直径4～5cm，芳香。萼片和花瓣黄色，初开时花呈淡绿色，随后逐渐变成黄色。唇瓣3浅裂，唇盘有绿色斑块和红棕色的条纹。（图4-21A、图4-21B）

图4-21A　绒毛石斛*Dendrobium senile*（摄影：罗艳）

地理分布：产于缅甸、老挝和越南等地。生于海拔200～1 500m的常绿阔叶林中树干上或山谷岩石上。

物候期：花期为1—3月。

用途：观赏。

近似种：本种在花形、花色上近似于翅梗石斛*D. trigonopus*，但后者全株光滑无绒毛，唇瓣3裂和子房3棱明显。本种植株被白色绒毛的特征，在石斛属极为罕见，是典型的分类鉴定特征。

备注：本种植物拉丁学名的种加词"senile"意为"具白毛的"，指其植株密被白色长绒毛，因故取名为"白毛石斛""绒毛石斛"或"绒叶石斛"。

图4-21B 绒毛石斛*Dendrobium senile*（摄影：罗艳）

1.附生植株，示茎秆和叶片密被长柔毛；2.花的正面，示光滑无毛，唇瓣不裂，长菱形，唇瓣基部浅绿色；3.花的侧面，示花被光滑，子房弯曲，纵棱不明显。缩写：c＝合蕊柱；ds＝中萼片；lip＝唇瓣；ls＝侧萼片；o＝子房；pe＝花瓣。

22. 黄喉石斛 *Dendrobium signatum* Rchb. f.

植株形态：附生草本。茎丛生，直立，粗短，近棒状纺锤体，长10~20cm，粗6~15mm，具许多波状纵条棱和多节，节间长5~10mm。叶多枚，生于茎中顶端，长3~6cm，先端钝并且不等侧2裂，基部下延为抱茎的鞘。（图4-22A）

图4-22A　黄喉石斛*Dendrobium signatum*

花形态解剖特征：花开展，白色，唇瓣基部黄色，花瓣边缘波状扭转（图4-22B：1、2）。侧萼片卵形至长卵形；唇瓣黄色，边缘白色，两侧向内卷曲形成号角形（图4-22B：1、2）。合蕊柱短，黄绿色；蕊柱齿黄色，窄三角形；蕊喙白色（图4-22B：3~5）。4枚蜡质花粉团长卵形，两两靠合（图4-22B：8、9）。药帽白色长圆形，具明显乳突，背部有凹陷（图4-22B：5~7）。

地理分布：产于越南。生长于海拔850~1 300m的深林树上。

物候期：花期3—6月。

用途：观赏。

备注：本种拉丁学名的种加词"*signatum*"意为"标志性的"，指其唇瓣基部内卷呈管状，且具黄色晕迹，故得名"黄喉石斛"。

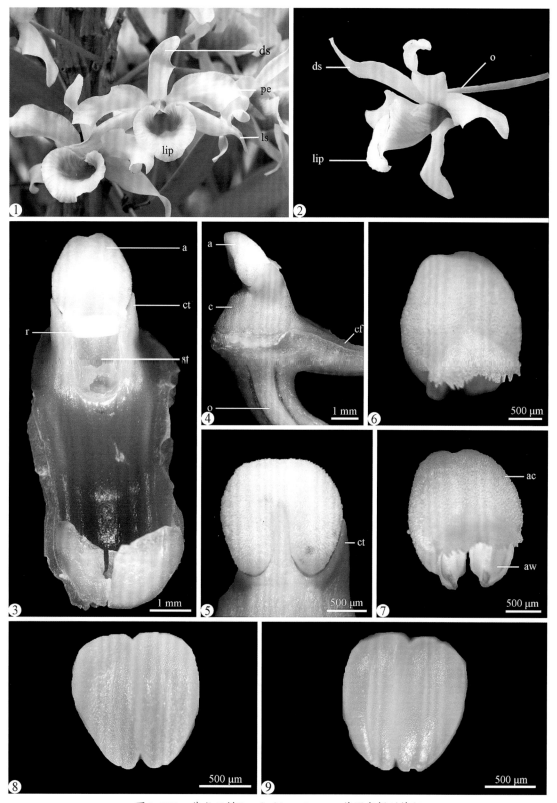

图4-22B　黄喉石斛*Dendrobium signatum*花形态解剖特征

1~2.花的正面（1）和侧面（2）；3~4.合蕊柱的正面（3）和侧面（4）；5~7.花药帽的背面（5）、正面（6）、近底面（7）；8~9.4枚花粉团的正面（8）和背面（9）。缩写：a＝花药；ac＝花药帽；aw＝花药壁；c＝合蕊柱；ct＝蕊柱齿；cf＝蕊柱足；ds＝中萼片；lip＝唇瓣；ls＝侧萼片；o＝子房；pe＝花瓣；r＝蕊喙；st＝柱头腔。

23. 羚羊角石斛 *Dendrobium stratiotes* Rchb. f.

别名：羊角石斛。

植株形态：大型附生兰，茎丛生，长棒状，可长达2m。叶革质，互生，卵形，长约8cm，宽约2cm。总状花序，长达1m，着生十多朵花。花大型，侧花瓣线状，直立向上，边缘反卷扭曲，形似羚羊角。子房和花梗都是绿色。

花形态解剖特征：花大，开展，花瓣和萼片黄绿色。两枚侧萼片的边缘向下弯曲，中萼片向上扭转；萼囊圆锥状；2枚花瓣很长，细带状且向上螺旋扭曲，形似羚羊角；唇瓣3裂，具紫红色条纹；背部绿色，中部两侧有紫色斑块；中裂片边缘波浪状，基部向上凸起，有紫色竖条纹（图4-23A、图4-23B）。

地理分布：产于新几内亚岛。附生于低地雨林。

物候期：花期夏至秋季。

用途：观赏。

备注：本种拉丁学名的种加词"*stratiotes*"意为"条带状的"，指其花瓣形态为扭曲的带状。

图4-23A　羚羊角石斛*Dendrobium stratiotes*

图4-23B 羚羊角石斛Dendrobium stratiotes

24. 扭瓣石斛 *Dendrobium tortile* Lindl.

植株形态：植株小至中型，垂直或悬挂生长；茎棒状至纺锤状，具槽，中部扁平，具叶3~4枚；叶片薄革质，脱落，弯曲。总状花序生于无叶的茎上部叶腋，长8cm，具2~3朵花，芳香。（图4-24A）

图4-24A　扭瓣石斛*Dendrobium tortile*

花形态解剖特征：花开展，白色。侧萼片卵形至长卵形；萼囊圆锥形，长约8mm；花瓣边缘波状扭转；唇瓣白色，基部具深色斑块，倒卵形，长约3cm。（图4-24B：1~3）。合蕊柱黄绿色，蕊柱足长约9mm，具平行的紫色条纹；蕊柱齿窄三角形（图4-24B：4~7）。花粉团4枚，长条形（图4-24B：8、9）。药帽白色，近圆形，具明显乳突（图4-24B：10~12）。

地理分布：产于印度阿萨姆邦到马来西亚半岛。生长于潮湿的热带雨林，附生。

物候期：花期冬末至来年夏初。

用途：观赏。

备注：本种拉丁学名的种加词"*tortile*"意为"扭曲的、卷曲的"，指其花瓣边缘扭曲反卷的特征，因故得名"扭瓣石斛"。

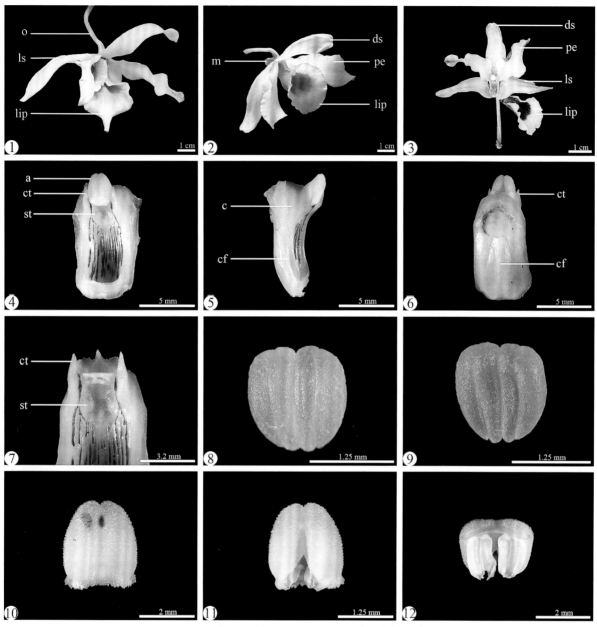

图4-24B 扭瓣石斛Dendrobium tortile花形态解剖特征

1~3.花的形态；4~6.合蕊柱的正面（4）、侧面（5）和背面（6）；7.柱头正面，示蕊柱齿及柱头腔；8~9.花粉团背面（8）和正面（9）；10~12.药帽的正面（10）、背面（11）和内侧（12）。缩写：a＝花药；c＝合蕊柱；cf＝蕊柱足；ct＝蕊柱齿；ds＝中萼片；lip＝唇瓣；ls＝侧萼片；m＝萼囊；o＝子房；pe＝花瓣；st＝柱头腔。

25. 越南扁石斛 *Dendrobium trantuanii* Perner & X. N. Dang

植株形态：附生草本。茎直立，肉质状肥厚，为压扁的圆柱形；不分枝，具多节，节有时稍肿大。叶革质，长圆形，基部具抱茎的鞘。单花从具叶或落了叶的老茎中部以上部分发出，基部被数枚筒状鞘。花梗和子房淡绿色。（图4-25A）

图4-25A　越南扁石斛*Dendrobium trantuanii*

花形态解剖特征：花大，白色带淡紫色先端，有时全体淡紫色，除唇瓣紫红色外，其余均为浅白色。中萼片长圆形，先端钝；侧萼片与中萼片相似，先端锐尖，基部歪斜；花瓣稍斜宽卵形，先端钝，基部具短爪，全缘（图4-25B：1、2）；唇瓣先端钝，紫红色；唇瓣3裂，中裂片着生很多紫色毛，中间舌头状，光滑无毛；两个侧裂片肉质，光滑，向上朝中裂片收缩（图4-25B：2~4）。蕊柱黄绿色，与蕊柱足形成角度小，蕊柱足中部着生紫色乳突，基部为紫色（图4-25B：5、6）。4枚黄色花粉团水滴状，两两排列在一起（图4-25B：7、8）。花药帽绿色，内部残留黄色花药壁，背部从基部至中部有裂缝（图4-25B：9、10）。

地理分布：分布于老挝、越南。生于海拔800~1 000m的常绿阔叶林中。

物候期：花期3—5月。

用途：观赏。

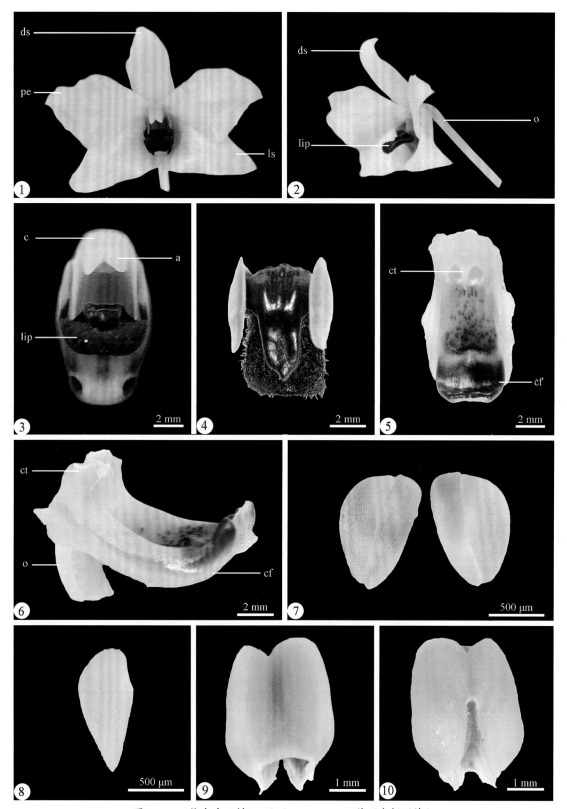

图4-25B　越南扁石斛*Dendrobium trantuanii*花形态解剖特征

1~2.花的正面（1）和侧面（2）；3.带唇瓣的合蕊柱正面；4.唇瓣；5~6.合蕊柱极面（5）和侧面（6）；7~8.花粉团（7）和单枚花粉团（8）；9~10.花药帽的正面（9）和背面（10）。缩写：a=花药；c=合蕊柱；ct=蕊柱齿；cf=蕊柱足；ds=中萼片；lip=唇瓣；ls=侧萼片；o=子房；pe=花瓣；st=柱头腔。

26. 独角石斛 *Dendrobium unicum* Seidenf.

植株形态：小型附生草本。茎秆细圆柱形，具节，具2~3片叶；叶长卵形。总状花序生于有叶或无叶的茎上端，具1~4朵花，橘红色，芳香。（图4-26A）

图4-26A　独角石斛*Dendrobium unicum*

花形态解剖特征：花大，径约5cm；萼片和花瓣橙红色，向背部弯曲；唇瓣淡黄色具橙红色条纹，两侧向内折叠（图4-26B：1、2），中部具3裂的脊。合蕊柱白色透明，基部带橙红色（图4-26B：3、4）；蕊喙长条形，白色；蕊柱足长约5mm；蕊柱齿白色，三角形。花粉团长条形（图4-26B：5）。药帽黄绿色，明显具乳突，盔状（图4-26B：6~8）。

地理分布：产于越南、老挝、缅甸和泰国。生于海拔800~1 550m的常绿、半落叶和落叶干旱低地森林和稀树林地，附生于小树或石头上。

物候期：花期为春末至夏初。

用途：观赏。本种花形独特，花色鲜艳，具有较高的园艺价值。

备注：本种拉丁学名的种加词"*unicum*"意为"具单角的"，指其唇瓣长舌状，且内卷向外直立，类似号角或牛角，故得名"独角石斛"。

图4-26B 独角石斛*Dendrobium unicum*花形态解剖特征

1～2.花的正面（1）和侧面（2）；3～4.合蕊柱的正面（3）和背面（4）；5.4枚花粉团背面，为长圆形轮廓；6～8.药帽的正面（6）、背面（7）和底面（8）。缩写：a＝花药；c＝合蕊柱；ct＝蕊柱齿；cf＝蕊柱足；ds＝中萼片；lip＝唇瓣；ls＝侧萼片；o＝子房；pe＝花瓣；st＝柱头腔。

27. 越南石斛 *Dendrobium vietnamense* Aver.

植株形态：附生草本，常簇生；茎圆柱状，不分枝，黄色至橄榄绿色，长25～35cm，宽4～6mm。顶端具数枚叶；叶卵形至披针形，无柄，顶端不规则2裂。花序2～4个侧生于第一个茎节，1～3朵花，基部具光滑的鞘，花序轴长3～5mm；花苞卵形至楔形；花梗及子房白色至浅绿色。（图4-27A）。

图4-27A 越南石斛*Dendrobium vietnamense*

花形态解剖特征：花无味或具淡淡香味。萼片和花瓣基部白色，顶端紫色，宽披针形（图4-27B：1、2）；侧萼片基部宽于蕊柱足，联合形成短的萼囊（图4-27B：1）；唇瓣卵形，具5条脊，无毛，基部深紫色，具乳突或短毛状物；唇瓣颜色从基部至先端依次为深紫色、黄绿色、白色、紫色。合蕊柱白色；蕊柱足长7～10mm，先端紫褐色，具两条明显的沟（图4-27B：3～5）。花粉团长条形（图4-27B：6～9）。药帽白色，盔状（图4-27B：10、11）。

地理分布：产于越南。附生于树干。生于海拔800～1 000m的侵蚀石灰岩地区的原始常绿阔叶亚山地森林中。

物候期：花期2—3月。

备注：本种拉丁学名的种加词"*vietnamense*"意为"越南的"，指其模式标本产地为越南，因故得名。

图4-27B　越南石斛*Dendrobium vietnamense*花形态解剖特征

1~2.花形态；3~5.合蕊柱的正面（3）、侧面（4）和背面（5）；6.合蕊柱上部；7~9.花粉团的背面（7）、正面（8）和两枚花粉团（9）；10~11.药帽正面（10）和背面（11）。缩写：a=花药；c=合蕊柱；cf=蕊柱足；ds=中萼片；lip=唇瓣；ls=侧萼片；m=萼囊；o=子房；p=花粉团；pe=花瓣；st=柱头腔。

第五章

中国石斛属近缘类群的花形态

最近的分子系统学研究把厚唇兰属（*Epineneium* Gagnep.）和金石斛属（*Flickingeria* Hawkes）等近缘类群也并入石斛属，建立了单系的广义石斛属*Dendrobium* s.l，可分为两大支：亚洲分支（Asian clade）和澳大利亚分支（Australasian clade）（Chase *et al.*，2015；金效华等，2019）。其中，厚唇兰属全世界有35种，我国有7种，本书收录了6种；金石斛属全世界有70种，我国有9种1变种，本书收录了2种。

1.宽叶厚唇兰*Epigeneium amplum*（Lindl.）Summerh.

2.厚唇兰*Epigeneium clemensiae* Gagnep.

3.单叶厚唇兰*Epigeneium fargesii*（Finet）Gagnep.

4.景东厚唇兰*Epigeneium fuscescens*（Griff.）Summerh.

5.高黎贡厚唇兰*Epigeneium gaoligongense* Hong Yu & S. G. Zhang

6.双叶厚唇兰*Epigeneium rotundatum*（Lindl.）Summerh.

7.滇金石斛*Flickingeria albopurpurea* Seidenf.

8.流苏金石斛*Flickingeria fimbriata*（Blume）A. D. Hawkes

石 斛 属 和 近 缘 属 的 分 属 检 索 表

1.植株无明显茎秆，仅在根状茎上密生或疏生假鳞茎，且假鳞茎仅有1节，其上顶生1~2枚叶片。
.... 厚唇兰属*Epigeneium*

1.植株具明显茎秆，茎节明显，假鳞茎明显或无，叶片生于茎秆或假鳞茎之上。..............（2）

2.茎秆第2节以上的茎或节间膨大呈肉质的假鳞茎，至少有2枚假鳞茎，其上顶生一枚叶片。
.... 金石斛属*Flickingeria*

2.茎秆上具1至多枚叶片，互生于茎秆或假鳞茎上。.................................... 石斛属*Dendrobium*

一、厚唇兰属 *Epigeneium* Gagnep.

多年生矮小附生草本。根状茎匍匐，假鳞茎疏生或密生于根状茎上，顶生1~2枚叶。叶革质，椭圆形至卵形。花单生于假鳞茎顶端或总状花序具少数至多数花；萼片离生，相似；侧萼片基部歪斜，贴生于蕊柱足，与唇瓣形成明显的萼囊；花瓣与萼片等长，唇瓣贴生于蕊柱足末端，中部缢缩而形成前后唇或3裂；侧裂片直立，中裂片伸展，唇盘上面常有纵褶片；蕊柱短，具蕊柱足，两侧具翅；蕊喙半圆形，不裂；花粉团蜡质，4枚成2对，无黏盘和黏盘柄。

厚唇兰属约有35种，分布于亚洲热带地区，主要见于印度尼西亚、马来西亚。本属模式种：*Epigeneium fargesii*（Finet）Gagnep.［*Dendrobium fargesii*（Finet）］。中国有7种，多见于西南诸省（自治区、直辖市）。本书收录6种。

1. 宽叶厚唇兰 *Epigeneium amplum*（Lindl.）Summerh.

植株形态：根状茎粗，通常分枝，密被多数筒状鞘；鞘栗色，纸质，先端钝，具多数明显的脉。假鳞茎在根状茎上疏生，卵形或椭圆形，被鳞片状大型的膜质鞘所包，干后金黄色，顶生2枚叶。叶革质，椭圆形或长圆状椭圆形，先端几钝尖并且稍凹入，基部收狭为柄。花序顶生于假鳞茎，远比叶短，具1朵花；花大，开展，黄绿色带深褐色斑点。（图5-1A）

花形态解剖特征：花大，开展，萼片和花瓣黄绿色带深褐色斑点（图5-1B：1）；中萼片披针形，先端急尖；侧萼片镰刀状披针形，与中萼片等长，基部较宽，先端急渐尖；花瓣披针形，等长于萼片，先端急渐尖（图5-1B：2）；唇瓣黄绿色带深褐色斑点，中裂片密生成深褐色，基部无爪，3裂；侧裂片短小，直立，先端近圆形；中裂片近菱形，较长，与两侧裂片先端之间的宽几乎相等，先端近急尖；唇盘具3条褶片，其中央1条较长（图5-1B：3）。蕊柱粗壮，正面有浅褐色斑纹（图5-1B：4），有蕊柱齿，蕊柱足与蕊柱成近直角（图5-1B：5）。

地理分布：产于广西西南部、云南东南部至西北部、西藏东南部。生于海拔1 000~1 900m的林下或溪边岩石上和山地林中树干上。分布于尼泊尔、不丹、印度东北部、缅甸、泰国、越南。模式标本采自尼泊尔。

物候期：花期11月。

用途：观赏。

图5-1A　宽叶厚唇兰*Epigeneium amplum*（摄影：罗艳）

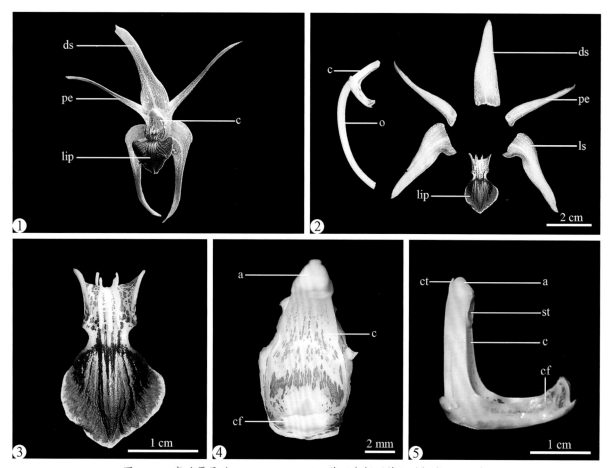

图5-1B 宽叶厚唇兰*Epigeneium amplum*花形态解剖特征（摄影：罗艳）

1.花的正面；2.花器官解剖；3.唇瓣的正面；4～5.合蕊柱的正面（4）和侧面（5）。缩写：a＝花药；c＝合蕊柱；cf＝蕊柱足；ct＝蕊柱齿；ds＝中萼片；lip＝唇瓣；ls＝侧萼片；o＝子房；pe＝花瓣；st＝柱头腔。

2. 厚唇兰 *Epigeneium clemensiae* Gagnep.

别名： 广西厚唇兰。

植株形态： 附生草本，假鳞茎通常稍弯曲，狭卵形，簇生。假鳞茎上顶生1枚叶，叶片倒卵形或倒卵状披针形，基部楔形，收缩成短叶柄。花序生于假鳞茎顶端，具单朵花。（图5-2A）

图5-2A　厚唇兰*Epigeneium clemensiae*（摄影：罗艳）

花形态解剖特征： 花单生于假鳞茎顶端，花萼和花瓣质地较厚，棕红色，带紫褐色脉络（图5-2A）。背萼片和侧萼片宽卵形，先端锐尖，侧花瓣狭披针形，线形（图5-2B：1~4）；唇瓣长圆形，中部缢缩，呈三浅裂；中裂片近圆形，顶端浅裂；侧裂片半圆形，直立稍弯曲（图5-2B：1、2）；唇盘上具隆起的带状胼胝质（图5-2B：5、6）。合蕊柱和蕊柱足皆棕黄色，两者呈一弧形；侧蕊柱齿浅黄色，薄片状；背蕊柱齿棕红色，与花药帽近等高；蕊喙黄色，肉质；柱头腔浅，方阔形；蕊柱足扁平内凹呈浅舟状（图5-2B：7、8）。花药帽黄色，半盔状，光滑（图5-2B：7、8）。

地理分布： 产于海南（坝王岭、黎母山）、云南东南部、贵州东北部。生于海拔1 000~1 300m的密林树干上。分布于越南、老挝。模式标本采自越南。

物候期： 花期10—11月。

用途： 观赏。

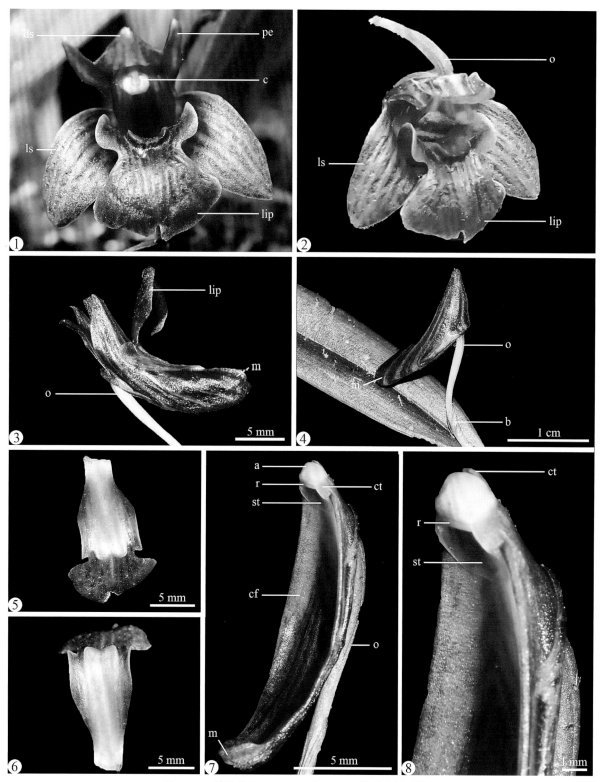

图5-2B 厚唇兰*Epigeneium clemensiae*花形态解剖特征

1～2.开放花的正面（1）和极面（2），示合蕊柱和唇瓣特征；3～4.两花蕾的侧面，示萼囊的形态；5～6.唇瓣的正面，突出三浅裂，中裂片基部具有肉质突起胼胝质；7.合蕊柱和子房，示蕊柱足侧扁内凹，较长，注意：蕊柱齿宽，花药帽黄色光滑；8.合蕊柱的上半部，示意花药帽黄色和背蕊齿柱发达。缩写：a＝花药；c＝合蕊柱；cf＝蕊柱足；ds＝中萼片；lip＝唇瓣；ls＝侧萼片；m＝萼囊；o＝子房；pe＝花瓣；r＝蕊喙；st＝柱头腔。

3. 单叶厚唇兰 *Epigeneium fargesii*（Finet）Gagnep.

别名：小攀龙、三星石斛。

植株形态：根状茎匍匐，密被栗色筒状鞘。假鳞茎斜立，一侧稍偏臌，中部以下贴伏于根状茎，近卵形，顶生1枚叶，基部被膜质栗色鞘。叶厚革质，干后栗色，卵形或宽卵状椭圆形，先端圆形而中央凹入，基部收狭，近无柄或楔形收窄呈短柄。花序生于假鳞茎顶端，具单朵花；花苞片膜质，卵形；花梗和子房长约7mm。（图5-3A）

图5-3A　单叶厚唇兰*Epigeneium fargesii*

花形态解剖特征：萼片和花瓣黄色，边缘带红色条纹；中萼片小，卵形，先端急尖；侧萼片斜卵状披针形，先端急尖，基部贴生在蕊柱足上而形成明显的萼囊，萼囊长约5mm；花瓣卵状披针形，比侧萼片小，先端急尖；唇瓣几乎白色，小提琴状，前后唇等宽；后唇两侧直立；前唇伸展，近肾形，先端深凹，边缘稍波状；唇盘具2条纵向的龙骨脊，其末端终止于前唇的基部并且增粗呈乳头状（图5-3B：1~4）。合蕊柱粗壮，黄绿色（图5-3B：5）。花药帽黄绿色，花粉团4枚，黄色，两两并不完全靠合，中间有较大的缝隙（图5-3B：6、7）。

地理分布：产于安徽南部、浙江南部和东南部、江西西南部、福建西部、台湾、湖北西南部、湖南东南部、广东东部和北部、广西、四川、云南。生于海拔400~2 400m的沟谷岩石上或山地林中树干上。国外分布于不丹、印度东北部、泰国。

物候期：花期通常4—5月。

图5-3B　单叶厚唇兰*Epigeneium fargesii*花形态解剖特征

1~4.花的正面（1）、侧面（2）、极面（3）、底面（4）；5.合蕊柱正面；6.花药底部；7.4枚花粉团。缩写：a＝花药；c＝合蕊柱；ds＝中萼片；lip＝唇瓣；ls＝侧萼片；m＝萼囊；o＝子房；p＝花粉团；pe＝花瓣；st＝柱头腔。

4. 景东厚唇兰 *Epigeneium fuscescens*（Griff.）Summerh.

植株形态：附生草本，根状茎常分枝，密被筒状鞘。假鳞茎在根状茎上疏生，狭卵形，稍弧曲上举，顶生2枚叶，偶尔具3枚叶，被2~3枚栗色鞘。叶革质，长圆形，先端稍钝并且稍凹入，基部收狭，近无柄或具短柄。花序顶生于假鳞茎，具单朵花，花序柄基部被鞘；花苞片远比具柄的子房短。（图5-4A）

花形态解剖特征：花淡褐色；中萼片卵状披针形，先端长渐尖；侧萼片镰刀状披针形，与中萼片等长，先端渐尖呈尾状；花瓣狭长圆形或线形，等长于中萼片，先端渐尖呈尾状（图5-4B：1、2）；唇瓣基部无爪，整体轮廓呈卵状长圆形，3裂，侧裂片直立，近长圆形，中裂片椭圆形，先端通常具钩曲的芒（图5-4B：2~5）；唇盘在两侧裂片之间具3条褶片。蕊柱乳白色，蕊柱足浅黄色，内有两道黄斑（图5-4B：6、7）。

地理分布：产于广西西南部、云南南部至西部、西藏东南部。生于海拔1 800~2 100m的山谷阴湿岩石上。印度东北部也有分布。

物候期：花期10月。

用途：观赏。

图5-4A　景东厚唇兰*Epigeneium fuscescens*（摄影：罗艳）

图5-4B 景东厚唇兰*Epigeneium fuscescens*花形态解剖特征（摄影：罗艳）

1~4.花的正面（1、2）、侧面（3）和极面（4）；5.唇瓣的正面，示基部有三条隆起的肉质纵脊；6~7.合蕊柱和蕊柱足的正面，示蕊柱足发达、宽厚，侧翼延展。缩写：c=合蕊柱；cf=蕊柱足；ds=中萼片；lip=唇瓣；ls=侧萼片；m=萼囊；o=子房；pe=花瓣；st=柱头腔。

5. 高黎贡厚唇兰 *Epigeneium gaoligongense* Hong Yu & S. G. Zhang

别名：贡山厚唇兰。

植株形态：附生植物，根状茎匍匐，粗2.0~3.0mm，具分枝，假鳞茎彼此相距3.0~9.0cm，狭卵形，长15.0~40.0mm，宽5.0~8.0mm，顶生2枚叶。叶片卵状椭圆形长2.5~7.0cm，宽1.2~2.8cm，先端凹，基部收狭成短柄。花序生于假鳞茎顶端，具1朵花，花黄绿色，具紫红色斑点。（图5-5A）

图5-5A　高黎贡厚唇兰*Epigeneium gaoligongense*（摄影：罗艳）

花形态解剖特征：花黄绿色，具紫红色斑（图5-5B：1、4）；中萼片披针形；侧萼片呈偏斜的卵状披针形；花瓣线状披针形；唇瓣卵圆形，黄绿色密布紫红色斑点，3裂，侧裂片直立，卵形，中裂片宽卵形，具白色绒毛，唇盘上具3条纵脊（图5-5B：1~4）。蕊柱短，黄绿色扁圆柱形，具带有紫色斑点的长蕊柱足（图5-5B：5、6）。

地理分布：云南省。生于海拔2 400~2 600m的林中树上或林下阴湿的岩石上。

物候期：7—9月。

图5-5B　高黎贡厚唇兰*Epigeneium gaoligongense*花形态解剖特征（摄影：罗艳）

1～3.花的正面（1）、侧面（2）和底面（3）；4.唇瓣；5.合蕊柱的侧面；6.合蕊柱的正面。缩写：c＝合蕊柱；cf＝蕊柱足；ct＝蕊柱齿；ds＝中萼片；lip＝唇瓣；ls＝侧萼片；m＝萼囊；o＝子房；pe＝花瓣；st＝柱头腔。

6. 双叶厚唇兰 *Epigeneium rotundatum*（Lindl.）Summerh.

植株形态：附生草本，根状茎多分枝，密被纸质筒状鞘；鞘紧抱根状茎，先端钝，狭卵形，常弧曲状上举，顶生2枚叶，基部被膜质鳞片状鞘。叶革质，长圆形或椭圆形，先端钝尖并且稍凹入，基部收狭，具柄。花序顶生于假鳞茎，具单朵花；花序被大型膜质鞘所包；花苞片小，膜质，卵形；花淡黄褐色。（图5-6A）

图5-6A　双叶厚唇兰*Epigeneium rotundatum*（摄影：罗艳）

花形态解剖特征：花开展，萼片和花瓣淡黄褐色（图5-6B：1~3）。中萼片卵状披针形，先端急尖；侧萼片披针形，与中萼片等长，基部较宽，尖端外翻；花瓣长圆状披针形，几乎与萼片等长，先端渐尖（图5-6B：1~3）；唇瓣基部无爪，整体轮廓为倒卵状长圆形，3裂；侧裂片半卵形，摊平后比中裂片宽；中裂片近肾形或圆形，先端锐尖，边缘为薄纸质；唇盘在两侧裂片之间具3条褶片，其中央1条较短，在中裂片上面具1条三角形宽厚的脊突（图5-6B：1~5）。蕊柱淡黄色；蕊柱足正面有3个橙色斑块（图5-6B：6）。

地理分布：产于广西、云南东南部和西北部、西藏东南部。生于海拔1 300~2 500m的林缘岩石上和疏林中树干上。尼泊尔、不丹、印度东北部、缅甸也有分布。模式标本采自印度锡金邦。

物候期：花期3—5月。

用途：观赏。

图5-6B　双叶厚唇兰*Epigeneium rotundatum*花形态解剖特征（摄影：罗艳）

1～3.花的正面（1）、侧面（2）和背面（3）；4～5.唇瓣的正面（4）和侧面（5）；6.合蕊柱的正面。缩写：a＝花药；c＝合蕊柱；cf＝蕊柱足；ds＝中萼片；lip＝唇瓣；ls＝侧萼片；o＝子房；pe＝花瓣；st＝柱头腔。

二、金石斛属 *Flickingeria* A. D. Hawkes

多年生直立附生草本。根状茎匍匐生根，其上生多数近直立或下垂的茎。茎质地坚硬，近木质，分枝或不分枝，上端的一个（少有2~3）节间膨大成粗厚的假鳞茎，干后具光泽。假鳞茎为稍扁的圆柱形、棒状或梭状，具1~3个节间，明显比茎粗，顶生1枚叶，基部或有时其下的1个节间基部发出新枝。叶通常长圆形至椭圆形，与假鳞茎相连接处具1个关节。花小，单生或2~3朵成簇，从叶腋或叶基背侧（远轴面）发出，花期短命；萼片相似，侧萼片基部较宽而歪斜，与蕊柱足合生而形成明显的萼囊，花瓣与萼片相似而较狭；唇瓣通常3裂，分前后唇；后唇为侧裂片，直立；前唇为中裂片，较大，先端常扩大，具皱波状或流苏状边缘；唇盘具2~3条纵向褶脊；蕊柱常粗短，具明显的蕊柱足；花粉团蜡质，近球形，4枚，成2对，无柄。

金石斛属约70种，主要分布于热带东南亚、新几内亚岛和大洋洲的一些岛屿。中国有9种和1变种，主要产于云南南部，其次为海南、台湾、广西和贵州南部。本书收录2种。

7. 滇金石斛 *Flickingeria albopurpurea* Seidenf.

植株形态： 根状茎匍匐，茎黄色或黄褐色，通常下垂，多分枝。假鳞茎金黄色，稍扁纺锤形。叶革质，长圆形或长圆状披针形，先端钝并且微2裂，基部收狭为很短的柄。花序出自叶腋和叶基部的远轴面一侧，具1~2朵花；花序柄几乎不可见，被覆数枚鳞片状鞘；花梗和子房淡黄色，花质地薄，开放仅半天则凋谢。（图5-7A）

图5-7A　滇金石斛*Flickingeria albopurpurea*

花形态解剖特征： 花小，萼片和花瓣白色。中萼片长圆形，侧萼片斜卵状披针形，两者的先端锐尖，基部歪斜而较宽；萼囊与子房交成直角，末端钝，淡黄色；花瓣狭长圆形，先端急尖（图5-7B：1、2）。唇瓣白色，3裂；侧裂片（后唇）内面密布紫红色斑点，直立，近卵形，先端圆钝；中裂片（前唇）长约5mm，上部扩大，呈扇形，宽7mm，先端稍凹缺，凹口中央具1个短凸，后侧边缘折皱状。唇盘从后唇至前唇基部具2条密布紫红色斑点的褶脊，褶脊在后唇上面平直而在前唇上面呈深紫色并且变宽成皱波状（图5-7B：3）。蕊柱粗短，正面白色并且密布紫红色斑点，长约3mm，具长约5mm的蕊柱足。药帽白色，半球形，前端近半圆形，其边缘具绒毛状细齿（图5-7B：4、5）。

地理分布： 产于云南南部（勐腊、景洪）。生于海拔800~1200m的山地疏林中树干上或林下岩石上。泰国、越南、老挝也有分布。模式标本采自泰国。

物候期： 花期6—7月。

图5-7B 滇金石斛*Flickingeria albopurpurea*花形态解剖特征（摄影：罗艳）

1~2.花的正面（1）和侧面（2）；3.唇瓣；4.合蕊柱的正面；5.带有子房的合蕊柱侧面。缩写：a＝花药；c＝合蕊柱；cf＝蕊柱足；ct＝蕊柱齿；ds＝中萼片；lip＝唇瓣；ls＝侧萼片；m＝萼囊；o＝子房；pe＝花瓣；st＝柱头腔。

8. 流苏金石斛 *Flickingeria fimbriata*（Blume）A. D. Hawkes

植株形态：根状茎匍匐，茎斜出或下垂，多分枝。假鳞茎金黄色，扁纺锤形，具1个节间，顶生1枚叶。叶革质，长圆状披针形或狭椭圆形，先端稍钝并且微凹，基部稍收狭，具很短的柄。花序出自叶腋，无明显的柄，基部被覆数枚鳞片状的鞘，通常具1~3朵花；花梗和子房长约5mm。（图5-8A）

图5-8A　流苏金石斛*Flickingeria fimbriata*

花形态解剖特征：花质地薄，萼片和花瓣奶黄色带淡褐色或紫红色斑点，上部稍外翻。中萼片卵状披针形，先端渐尖；侧萼片斜卵状披针形，与中萼片近等长，先端渐尖，基部歪斜而较宽；萼囊与子房交成锐角，狭圆锥形，长约7mm；花瓣披针形，先端近锐尖（图5-8B：1、2）；唇瓣长1.5cm，基部收狭为楔形，3裂；侧裂片白色，内面密布紫红色斑点，直立，半倒卵状，全缘；中裂片扩展呈扇形，长约8mm，宽7~8mm，先端近平截，两侧边缘皱波状或褶皱状；唇盘具2~3条黄白色的褶脊，从唇瓣基部延伸至先端，在侧裂片（后唇）之间的褶脊平直，在中裂片呈鸡冠状（图5-8B：1、2）。合蕊柱粗短，长约4mm，呈圆锥形，具长约7mm的蕊柱足（图5-8B：3~5）。花药帽黄色，呈长半球形盔帽状，表面光滑（图5-8B：3~6）。花粉团4枚，金黄色蜡质，长棒状（图5-8B：7）。

地理分布：产于海南、广西西南部、云南东南部。生于海拔760~1 700m的山地林中树干上或林下岩石上。国外分布于泰国、越南、菲律宾、马来西亚、印度尼西亚、印度的安达曼群岛和尼科巴群岛。

物候期：花期4—6月。

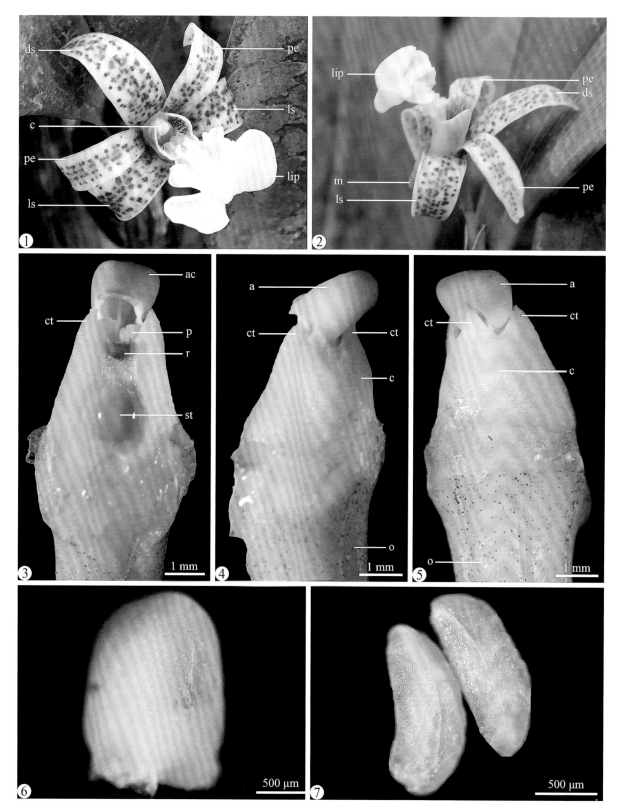

图5-8B 流苏金石斛*Flickingeria fimbriata*花形态解剖特征（摄影：罗艳）

1～2.花的极面（1）和侧面（2）；3～5.合蕊柱的正面（3）、侧面（4）和背面（5）；6.花药帽；7.4枚花粉团。缩写：a＝花药；ac＝花药帽；c＝合蕊柱；ct＝蕊柱齿；ds＝中萼片；lip＝唇瓣；ls＝侧萼片；m＝萼囊；o＝子房；p＝花粉团；pe＝花瓣；r＝蕊喙；st＝柱头腔。

中国石斛属
花形态图志

参考文献

[1] 白音,包英华,王文权,等.国产石斛属植物亲缘关系的AFLP分析[J].园艺学报,2007,34(6):1569–1574.

[2] 白音,包英华,王文全.石斛属植物及其混淆品的茎表皮细胞特征及其鉴别价值[J].中草,2011,42(3):593–597.

[3] 包雪声,顺庆生,陈立钻.中国药用石斛彩色图谱[M].上海:上海医科大学出版社,复旦大学出版社,2001.

[4] 包雪声,顺庆生,张申洪.中国药用石斛图志[M].上海:上海科学技术文献出版社,2005.

[5] 毕志明,王峥涛,徐珞珊.细茎石斛的化学成分[J].植物学报（英文版）,2004,46(1):124–126.

[6] 陈娟,张丽春,邢咏,等.兰科石斛属植物菌根共生研究进展[J].中国药学杂志,2013,48(19):1644–1648.

[7] 陈晓梅,郭顺星.石斛属植物化学成分和药理作用的研究进展[J].天然产物研究与开发,2001,13(1):70–75.

[8] 陈心启,吉占和.中国兰花全书[M].北京:中国林业出版社,1998.

[9] 陈心启,吉占和,罗毅波.中国野生兰科植物彩色图鉴[M].北京:科学出版社,1999.

[10] 陈心启,刘仲健,罗毅波.中国兰科植物鉴别手册[M].北京:中国林业出版社,2009.

[11] 陈勇,刘和平,唐海尧,等.铁皮石斛的组培快繁技术研究进展[J].现代园艺,2017(18):9–10.

[12] 邓小祥,陈贻科,饶文辉,等.罗氏石斛,中国兰科一新种[J].植物科学学报,2016,34(1):9–12.

[13] 杜刚,来天超,杨海英.兜唇石斛的组织培养研究[J].北方园艺,2012(8):140–141.

[14] 高江云,刘强,余东莉.西双版纳的兰科植物:多样性和保护[M].北京:中国林业出版社,2014.

[15] 郭顺星,曹文芩,高微.铁皮石斛及金钗石斛菌根真菌的分离及其生物活性测定[J].中国中药杂志,2000,25(6):338–340.

[16] 国家林业和草原局,农业农村部.国家重点保护野生植物名录:2021年第15号[A/OL].(2021–09–07). http://www. forestry.gov.cn/main/3954/20210908/163949170374051.html.

[17] 国家药典委员会.中华人民共和国药典:一部[S].北京:中国医药科技出版社,2010.

[18] 吉占和.中国石斛属的初步研究[J].植物分类学报,1980,18(4):427–449.

[19] 吉占和,陈心启.国产金石斛属小志[J].植物分类学报,1995,27(1):58–61.

[20] 吉占和,陈心启.云南西双版纳兰科植物[J].植物分类学报,1995,33(3):281–296.

[21] 蒋宏,杨硕.中国石斛属(兰科)一未详知种——喉红石斛[J].云南植物研究,2005(2):134–136.

[22] 金伟涛,何疆海,朱正明,等.中国兰科植物研究杂记（英文）[J].热带亚热带植物学报,2014,22(1):34–37.

[23] 金效华,黄璐琦.中国石斛类药材的原植物名实考[J].中国中药杂志,2015,40(13):2475–2479.

[24] 金效华,李剑武,叶德平.中国野生兰科植物原色图鉴[M].郑州:河南科学技术出版社,2019.

[25] 金效华,张玉武,肖丽萍.中国石斛属一新种[J].植物分类学报,2010,39(3):269–271.

[26] 金效华,赵晓东,施晓春.高黎贡山原生兰科植物[M].北京.科学出版社,2009.

[27] 郎楷永.兰科植物区系中的一些有意义属的地理分布格局的研究[J].植物分类学报,1994,32(4):328–339.

[28] 李恒,Bartholomew B.高黎贡山兰花的多样性[J].植物分类与资源学报,1999(S1):65–78.

[29] 李琳,叶德平,李剑武,等.中国兰科植物一新记录种及一新异名（英文）[J].热带亚热带植物学报,2009,17(3):89–91.

[30] 李满飞,徐国钧,吉占和.广西产石斛属植物两新种[J].中国药科大学学报,1989(2):67–68+133.

[31] 李满飞,徐国钧,徐珞珊,等.石斛类叶鞘的显微鉴定研究[J].药学学报,1989(2):139–146.

[32] 李嵘,李恒.云南兰科植物新资料[J].植物科学学报,2003,21(1):40–44.

[33] 李燕,王春兰,王芳菲,等.铁皮石斛化学成分的研究[J].中国中药杂志,2010,35(13):1715–1719.

[34] 刘强,殷寿华,兰芹英.流苏石斛(Dendrobium fimbriatum)迁地保护种群的数量动态[J].生态学杂志,2011,30(12):2770–2775.

[35] 刘仲健,张玉婷,王玉,等.铁皮石斛(Dendrobium catenatum)快速繁殖的研究进展——兼论其学名与中名的正误[J].植物科学学报,2011,29(6):763–772.

[36] 罗毅波,贾建生,王春玲.中国兰科植物保育的现状和展望[J].生物多样性,2003,11(1):70 77.

[37] 马国祥,徐国钧.迭鞘石斛的化学成分研究[J].中国药学（英文版）,1998(1):52–54.

[38] 马良,董建文,陈世品,等.瑠蒙石斛,中国兰科一新记录种[J].热带亚热带植物学报,2020,28(2):201–202.

[39] 马雪亭,邢晓科,郭顺星.鼓槌石斛的地理分布与菌根真菌区系组成的相关性[J].菌物学报,2016,35(7):814–821.

[40] 宋经元,郭顺星,肖培根.近10年来石斛属植物的研究进展[J].中国药学杂志,2004(10):9–11.

[41] 苏惠,杨云.纳板河自然保护区石斛属植物资源现状与保护对策[J].林业调查规划,2006(5):100–102.

[42] 孙崇波,向林,施季森,等.兰科5属常见栽培品种花粉块形态的扫描电镜观察[J].园艺学报,2010,37(12):1969–1974.

[43] 孙绍棋,徐利国.四川石斛属一新种[J].植物研究,1988,8(2):59–62.

[44] 孙永玉,欧朝蓉,李昆.药用石斛丰产栽培技术[M].北京:中国林业出版社,2014.

[45] 覃海宁,杨永,董仕勇,等.中国高等植物受威胁物种名录[J].生物多样性,2017,25(7):696–744.

[46] 王康正,高文远.石斛属药用植物研究进展[J].中草药,1997(10):633–635.

[47] 王先花,陈云,谭啸,等.铁皮石斛组织培养快速繁殖技术[J].热带生物学报,2013,4(4):374–380.

[48] 王亚妮,王丽琨,苗宗保,等.兰科石斛属植物菌根真菌研究进展[J].热带亚热带植物学报,2013,21(3):281–288.

[49] 王艳萍,李楚然,罗艳,等.中国9种石斛属植物的花药帽形态及其分类学意义初探[J].植物科学学报,2021,39(4):367–378.

[50] 王艳萍,李璐,杨晨璇,等.14种石斛属（兰科）植物的花粉团形态及分类学意义[J].植物研究,2021,41(1):12–25.

[51] 汪松,解焱.中国物种红色名录[M].北京:高等教育出版社,2004.

[52] 韦仲新.种子植物花粉电镜图志[M].昆明:云南科技出版社,2003:1–7.

[53] 武荣花.我国石斛属植物种质资源及其亲缘关系研究[D].北京:中国林业科学研究院,2007.

[54] 徐正尧,杨貌仙.黑节草小孢子发生及雄配子体形成的细胞形态学研究[J].云南大学学报（自然科学版）,1986,8(3):311–318.

[55] 徐志辉,蒋宏,叶德平,等.云南野生兰花[M].昆明:云南科技出版社,2010.

[56] 张朝凤,邵莉,黄卫华,等.兜唇石斛酚类化学成分研究[J].中国中药杂志,2008,33(24):2922–2925.

[57] 张雪,高昊,王乃利,等.金钗石斛中的酚性成分[J].中草药,2006,37(5):652–655.

[58] 赵永灵,李晓玉.兜唇石斛多糖的研究[J].植物分类与资源学报,1994,16(4):392–396.

[59] 朱光华,吉占和.中国植物志:第19卷 石斛属[M].北京:科学出版社,1999.

[60] 字肖萌,高江云.不同真菌对2种药用石斛种子共生萌发的效应[J].中国中药杂志,2014,39(17):32–38.

[61] Adams P B. Systematics of Dendrobiinae (Orchidaceae), with special reference to Australian taxa[J]. Botanical Journal of the Linnean Society,2011,166(2):105–126.

[62] Asahina H, Shinozaki J, Masuda K, et al. Identification of medicinal Dendrobium species by phylogenetic analyses using matK and rbcL sequences[J]. J. Nat. Med.,2010,64(2):133–138.

[63] Averyanov L. New orchid taxa and records in the flora of Vietnam[J]. Taiwania,2012,57:127–152.

[64] Averyanov L V, Jan Ponert, Phi Tam Nguyen, et al. A survey of Dendrobium Sw. sect. Formosae (Benth. & Hook.f.) Hook.f. in Cambodia,Laos and Vietnam[J]. Adansonia,2016,3(38):199–217.

[65] Averyanov L V, Nguyen K S, Maisak T V, et al. New and rare orchids (Orchidaceae) in the flora of Cambodia and Laos[J]. Turczaninowia,2016,19(3):5–58.

[66] Burke J M, Adams P B. Variation in the Dendrobium speciosum (Orchidaceae) complex: A numerical approach to the species problem[J]. Australian Systematic Botany,2002,15(1):63–80.

[67] Burke J M, Bayly M J, Adams P B, et al. Molecular phylogenetic analysis of Dendrobium (Orchidaceae), with emphasis on the Australian section Dendrocoryne, and implications for generic classification[J]. Australian Systematic Botany,2008,21(1):1–14.

[68] Burns-Balogh P, Bernhardt P. Evolutionary trends in the androecium of the Orchidaceae[J]. Plant Systematics and Evolution,1985,149:119–134.

[69] Cameron K M, Chase M W, Whitten W M, et al. A phylogenetic analysis of the Orchidaceae: Evidence from rbcL nucleotide sequenc [J]. American Journal of Botany,1999,86(2):208–224.

[70] Cameron K M. On the value of nuclear and mitochondrial gene sequences for reconstructing the phylogeny of Vanilloid orchids (Vanilloideae, Orchidaceae)[J]. Annals of Botany,2009,104:377–385.

[71] Catling P M. Auto-pollination in the Orchidaceae[M]//Arditti J. Orchid Biology, Reviews and Perspectives V. Timber Press, Port-land, Oregon,1990:121–158.

[72] Chase M W. Classification of Orchidaceae in the age of DNA data[J]. Curtis's Bot Mag,2005,1:2–7.

[73] Chase M W, Cameron K M, Barrett R L, et al. DNA data and Orchidaceae systematics:A new phylogenetic classification. In:Dixon K W,Kell [M]//Barrett R L, Cribb P J. Orchid conservation. Kota Kinabalu: Natural History Publications (Borneo),2003:69–89.

[74] Chase M W, Cameron K M, Freudenstein J V, et al. An updated classification of Orchidaceae[J]. Botanical Journal of the Linnean Society,2015,177:151–174.

[75] Chaudhary B, Chattopadhyay P, Verma N, et al. Understanding the phylomorphological implications of pollinia from Dendrobium (Orchidaceae)[J]. American Journal of Plant Sciences,2012,3: 816–828.

[76] Chen J, Wang H, Guo S X, et al. Isolation and identification of endophytic and mycorrhizal fungi from seeds and roots of Dendrobium (Orchidaceae)[J]. Mycorrhiz,2012,22(4):297–307.

[77] Chen J, Zhang L, Xing Y M, et al. Diversity and taxonomy of endophytic xylariaceous fungi from medicinal plants of Dendrobium (Orchidaceae)[J]. Plos One,2013,8(3): e58268.

[78] Zhu G H, Tsi Z H, Wood J J, et al. Dendrobium[M]// Wu C Y, Raven P H, Hong D Y. Flora of China, Vol. 25. Beijing: Science Press, St. Louis: Missouri Botanical Garden Press, 2009.

[79] Clements M A. Molecular phylogenetic systematics in the Dendrobiinae (Orchidaceae), with emphasis on Dendrobium section Pedilonum[J]. Telopea,2003,10:247–298.

[80] Clements M A. Molecular phylogenetic systematics in Dendrobieae (Orchidaceae)[J].Aliso,2006,22:465–480.

[81] Deori C. Morphological diversity within the genus Dendrobium Swartz (Orchidaceae) in Northeast Indiaa[J]. Richardiana,2016:85–110.

[82] Dressler R L. The Orchids Natural History and Classification[J]. American Society of Plant Taxonomists,1981,6 (3):308–311.

[83] Dressler R L. Feature of pollinaria and orchid classification[J]. Lindleyana,1986,1:125–130.

[84] Dressler R L. The orchids–natural history and classification[M]. London: Harvard University Press,1990.

[85] Dressler R L. Phylogeny and classification of the orchid family[M]. Cambridge: Cambridge University Press,1993.

[86] Endress P K. Diversity and evolutionary biology of tropical flowers[M]. Cambridge: Cambridge University Press,1996.

[87] Endress P K. Development and evolution of extreme synorganization in angiosperm flowers and diversity: A comparison of Apocynaceae and Orchidaceae[J]. Annals of Botany,2011,17:749–767.

[88] Freudenstein J V, Rasmussen F N. Pollinium Development and Number in the Orchidaceae[J]. American Journal of Botany,1996,83(7):813–824.

[89] Freudenstein J V, Rasmussen F N. Sectile pollinia and relationships in the Orchidaceae[J]. Plant Systematics and Evoluti on,1997,205(3–4):125–146.

[90] Freudenstein J V, Chase M W. Phylogenetic relationships in Epidendroideae (Orchidaceae), one of the great flowering plant radiations: Progressive specialization and diversification[J]. Annals of Botany,2015,115:665–681.

[91] Fan C, Wang W, Wang Y, et al. Chemical constituents from Dendrobium densiflorum[J]. Phytochemistry, 2001,57(8):1255–1258.

[92] Govaerts, R. World Checklist of Monocotyledons Database in ACCESS:1–71827[Z]. The Board of Trustees of the Royal Botanic Gardens, Kew,2003.

[93] Jin Q ,Yao Y, Cai Y, et al. Molecular Cloning and Sequence Analysis of a Phenylalanine Ammonia–Lyase Gene from Dendrobium[J]. Plos One,2013,8(4):e62352.

[94] Jin X H, Li H. Coelogyne tsii and Dendrobium menglaensis (Orchidaceae),two new species from Yunnan,China[J]. Annales Botanici Fennici,2006,43(4):295–297.

[95] Jin X H, Zhang Y W, Gloria Siu. A new species of Dendrobium (Orchidaceae) from China[J]. Acta Phytotaxonomica Sinica,2001,(4):178–179.

[96] Johri B M, Ambegaokar K W, Srivastava P S. Comparative embryology of angiosperm / B. M. Johri, K. B. Ambe gaokar, P. S. Srivastava[M]. Berlin: Springer,1992.

[97] Kananont N, Pichyangkura R, Chanprame S, et al. Chitosan specificity for the in vitro seed germination of two

Dendrobium orchids (Asparagales:Orchidaceae)[J]. Scientia Horticulturae (Amsterdam) ,2010,124(2):239–247.

[98] Kuehnle A R, Sugii N. Transformation of Dendrobium orchid using particle bombardment of protocorms[J]. Plant Cell Rep,1992,11(9):484–488.

[99] Li W J, Ye D P, Jin X H, et al. Dendrobium zhenyuanense (Orchidaceae),a new Chinese species in section Stachyobium[J]. Phytotaxa,2014,178 (3):217–220.

[100] Li M H, Zhang G Q, Lan S R, et al. A molecular phylogeny of Chinese orchids[J]. Journal of Systematics and Evolution,2016,54(4),349–362.

[101] Liu Q, Zhou S S, Jin X H, et al. Dendrobium naungmungense (Orchidaceae,Dendrobieae),a new species from Kachin State,Myanmar[J]. Phytokeys,2018,94(94):31–38.

[102] Liu Z J, Chen L. Dendrobium hekouense (Orchidaceae),a new species from Yunnan, China[J].Annales Botanici Fennici,2012,48(1):87–90.

[103] Luo A X, He X J, Zhou S D, et al. Purification, composition analysis and antioxidant activity of the polysaccharides from Dendrobium nobile Lindl[J]. Carbohydrate Polymers,2010,79(4):1014–1019.

[104] Nishida R, Iwahashi O, Tan K H. Accumulation of Dendrobium superbum(Orchidaceae) fragrance in the rectal glands by males of the melon fly, Dacus cucurbitae[J]. Journal of Chemical Ecology,1993,19(4):713–722.

[105] Plants of the World Online[EB/OL]. Facilitated by the Royal Botanic Gardens,Kew, http://www.plantsoftheworldonline.org.

[106] Pridgeon A M, Cribb P J, Chase M W. Genera Orchidacearum [M]. Vol. 6. Oxford: Oxford Unidversity Press, 2014.

[107] Seidenfaden G. Orchid genera in Thailand: XII. Dendrobium Sw. [J]. Opera Bot, 1985,83:1–295.

[108] Silva J A, Jin X H, Judit D, et al. Advances in Dendrobium molecular research: Applications in genetic variation, identification and breeding[J]. Molecular Phylogenetics & Evolution,2016,95:196–216.

[109] Silveira P, Schuiteman A, Vermeulen J J,et al. The orchids of Timor: Checklist and conservation status[J]. Botanical Journal of the Linnean Society,2008,157:197–215.

[110] Slater A T. Interaction of the stigma with the pollinium in Dendrobium speciosum[J]. Australian Journal of Botany,1991,39(3):273–282.

[111] Takamiya T, Wongsawad P, Sathapattayanon A, et al. Molecular phylogenetics and character evolution of morphologically diverse groups, Dendrobium section Dendrobium and allies[J]. AoB Plants,2014,6:1–25.

[112] Wang H U, Long C L, Jin X H. Dendrobium wangliangii (Orchidaceae), a new species belonging to section Dendrobium from Yunnan,China[J]. Botanical Journal of the Linnean Society,2008,157(2),217–221.

[113] Xiang X G, Schuiteman A, Li D Z, et al. Molecular systematics of Dendrobium (Orchidaceae, Dendrobieae) from mainland Asia based on plastid and nuclear sequences[J]. Molecular Phylogenetics & Evolution,2013,69(3):950–960.

[114] Xing X K, Ma X T, Men J X, et al. Phylogenetic constrains on mycorrhizal specificity in eight Dendrobium (Orchidaceae) species[J]. Science China Life Sciences,2017,60(5):536–544.

[115] Xu Q, Zhang G Q, Liu Z J, et al. Two new species of Dendrobium (Orchidaceae: Epidendroideae) from China: Evidence from morphology and DNA[J]. Phytotaxa, 2014,174:129–143.

[116] Yukawa T, Uehara K. Vegetative diversification and radiation in subtribe Dendrobiinae (Orchidaceae):Evidence from chloroplast DNA phylogeny and anatomical characters[J]. Plant Systematics & Evolutio,1996,201(1–4):1–14.

[117] Zhao M M, Zhang G, Zhang D W, et al. ESTs Analysis Reveals Putative Genes Involved in Symbiotic Seed Germination in Dendrobium officinale[J]. PLoS ONE,2013,8(8):e72705.

[118] Zheng B Q, Zou L H, Wang Y. Dendrobium jinghuanum,a new orchid species from Yunnan, China: Evidence from both morphology and DNA[J]. Phytotaxa,2020,428(1):30–42.

[119] Zhu G H, Ji Z H, Wood J J, et al. Dendrobium Swartz [M]//Wu Z Y, Raven P H, Hong D Y. Flora of China, Vol. 25. Beijing: Sciences Press, St. Louis: Missouri Botanical Garden Press,2009:367–397.

中文名索引

W

拉丁学名索引

后 记

    本书是作者多年来从事兰科植物多样性保护工作积累的丰富而珍贵的第一手资料，部分结果已整理发表。在十多年的科研教学工作中，作者在国内同行的大力支持下，指导本科生和研究生在滇东南、滇中和滇西北地区集中开展了区域性植物资源调查，专注于我国野生兰科植物多样性保护与开发利用研究。近年来，作者先后主持并完成了多项国家级和省部级科研项目，聚焦于植物资源调查和兰科植物形态特征多样性及系统演化意义探究。通过大量的野外调查和形态解剖学的系统研究，作者收集整理了我国珍稀濒危兰科植物80属300余种。其中，就包括本书涉及的中国石斛属花形态多样性的内容。这些关于兰科植物花形特征多样性原始资料的积累，成为了本书写作的基础。

    作者撰写《中国石斛属花形态图志》的又一个关键诱因是看到了我国野生石斛资源保护和利用存在着乱采滥挖、鱼目混珠、杀鸡取卵的乱象，察觉到这种乱象会给野生石斛资源的保护和石斛产业的发展带来巨大的挑战。在多年的野外考察工作中，作者常见到大量的野生石斛被肆意收集，用货车成批贩运，如杂草一般散乱地堆放在市场上出售，而当地人仅能借此换取有限的生活费。有的种类因炒作而奇货可居，有的则鲜有问津，甚至被弃置一旁。如此暴殄天物，原始、粗暴、简单、落后的利用方式，令作者感到我国野生石斛资源的保护和利用存在着较大的误区，资源正遭受着严重的破坏。作者希望本书的面世能够对石斛资源的保护和开发利用及科学研究等有所助益。

    可喜的是，国家林业和草原局、农业农村部2021年公布的《国家重点保护野生植物名录》把我国野生石斛属所有的种都列为一级或二级保护植物。这为野生石斛资源的保护和利用提供了强有力的法律保障。可以预见，随着国家对野生植物多样性保护重视的加强，石斛种植产业将逐步成为地方绿色经济的重要支柱。作为科研工作者，作者认为有必要把积累多年的研究资料通过不同的渠道，让更多的人熟悉我国野生石斛属植物资源的现状，学会甄别物种来源及价值，抵制并摒弃直接利用野生资源的方式，并希望能吸引更多的社会力量投入到石斛野生种质资源的保护、品种选育及产品开发中，创造更大的经济和社会价值。

    本书的构思和撰写，以及书中涉及到的花形态特征描述和物种分类学处理得到了中国科学院昆明植物研究所梁汉兴研究员、彭华研究员和龚洵研究员，中国科学院植物研究所罗毅波研究员的指导。本书材料收集和整理得到了中国科学院西双版纳热带植物园罗艳研究员、吴福川高级工程师、闫丽春高级实验师和苏艳萍女士，中国科学院昆明植物研究所张石宝研究员，玉溪师范学院黄家林副教授，云南丰春坊生物科技有限公司王晓云女士和徐志峰先生，云南林业职业技术学院刘强教授，中国医学科学院药用植物研究所云南分所王云强工程师和李海涛副研究员。本书兰科花形态解剖研究依托于西南林业大学科研平台,得到罗旭教授、杨松教授、向建英副研究员、张玉霄副研究员、邓国宾副研究员、张媛副研究员和古旭老师等支持。

本书研究结果分析依托于云南生物多样性研究院和西南林业大学大型仪器共享平台的荧光体视显微镜(Leica M165 FC)完成。本书花形态解剖实验和图版制作得到了我指导的已毕业或在读的研究生和本科生的无怨无悔的支持,包括杨晨璇、段涵宁、谢云茜、王乐骋、朱永、陶磊、陶凯锋、张颖铎、李楚然、田琴、马东、胡向科、张锦、王艳萍、谭庆琴、耿远恒等。

本书材料收集所需的研究经费得到了国家自然科学基金项目"兰科雄蕊发育模式及系统演化意义"(项目号:32060049)和国家林业和草原局资助项目"云南兰科植物补充调查"(项目号:202007)的支持。

本书的出版荣获了2022年度滇版精品出版工程项目和西南林业大学博士引进项目的经费资助。

特此鸣谢!

李璐

2022年12月20日